렌터카로
동유럽

자동차여행 바이블 02
렌터카로 동유럽

초판 1쇄 2022년 5월 15일

지은이 이화득, 이미경
편집인 옥기종
발행인 송현옥

펴낸곳 도서출판 더블:엔
등 록 2011년 3월 16일 제2011-000014호
주 소 서울시 강서구 마곡서1로 132, 301-901
전 화 070_4306_9802
팩 스 0505_137_7474
이메일 double_en@naver.com

ISBN 979-11-91382-13-6 (03980)

자동차여행 바이블 | 02

렌터카로
동유럽

이화득 · 이미경 지음

더블:엔

책 머리에

뜻하지 않은 코로나 팬데믹으로 국외 이동의 발이 묶인 채 꼬박 2년을 넘겼다. 이 정도면 지금까지 인류가 경험해보지 못한 대재앙이라는 것도 지나친 말이 아닐 듯 싶다. 코로나 팬데믹을 겪으며 인류의 생활방식에도 많은 변화가 생겼고 여행방식도 많이 바뀌었다. 모든 여행에서 '안전'이 더 중요해졌고 소그룹 개별여행에 더 많은 관심을 가지게 되었다. 가장 안전한 개별여행이라면 렌터카를 이용한 소그룹 가족여행이 으뜸이겠고, 그런 의미에서 유럽 자동차여행은 더욱 주목받게 생겼으니 팬데믹의 시련을 겪으며 우리의 여행방식도 한 단계 도약하는 계기가 된 것 같다.

한국사람들은 여행을 정말 좋아한다. 세계관광기구(UNWTO)의 자료에 따르면, 한국은 세계 6위의 해외여행 소비국이라고 한다. 1, 2위는 누구나 예상할 수 있는 것처럼 중국, 미국이지만 인구규모 26위, 경제규모 10위인 한국인들의 해외여행 경비지출이 세계 6위라는 것은 놀라운 일이 아닐 수 없다.

한국사람들은 여행스타일에서도 독특한 점이 있다. 잠시도 가만있질 않고 끊임없이 돌아다닌다. 경치좋은 휴양지에서 느긋하게 머물며 먹고 마시고 쉬는 휴양형 여행보다는 알뜰하게 시간을 쪼개서 한 군데라도 더 가보고 한 가지라도 더 해보는 체험형 여행이 한국사람들의 여행 스타일인 것 같다. 아무래도 한국사람은 북방 유목민족(Nomad)의 후손이 맞는 것 같다.

지금으로부터 꼭 20년 전에 《유럽 자동차여행》 책을 쓸 때만 해도 누가 얼마나 유럽 가서 렌터카를 빌려 여행 다닐까 싶었다. 그러나 그 예상은 보기 좋게 빗나갔고 자동차여행 인구는 해마다 크게 증가하고 있으며 요즘엔 정말 많은 사

람들이 유럽 자동차여행을 떠난다. 한 번도 안 간 사람은 있어도 한 번만 가는 사람은 없다고 할 정도로 자동차여행은 인기다.

끊임없이 돌아다니는 한국사람들의 여행 스타일에 자동차는 딱 어울리는 궁합이다. 자동차보다 자유롭고 효율적인 교통수단이 어디 또 있을까. 판이하게 다른 유럽과 한국의 음식문화를 극복하는 데에도 자동차는 정말 요긴한 수단이다. 어디를 가든 아무거나 잘 먹고 잘 소화시키는 사람도 있지만 한국사람, 특히 나이든 한국사람에겐 얼큰한 한국음식이 여행의 활력소다. 먹는 거 하나는 잘 먹고 다닐 수 있다는 것도 자동차여행의 큰 장점이다.

《유럽 자동차여행》 책을 처음 쓸 때만 해도 이 정도면 충분하겠다 싶었다. 그러나 해가 갈수록 독자들의 요구수준이 높아졌고 어지간한 가이드북으로는 독자들의 눈높이를 맞출 수 없게 되었다. 그래서 유럽 '지역별 가이드북'의 첫 째 권으로 이 책을 썼다. 동유럽도 다니자면 한이 없지만 지금까지 한국사람들에게 가장 인기있는 동유럽 6개 나라의 핵심 여행지들을 모두 담았다.

유럽에선 네덜란드와 독일 사람들이 여행 좋아하기로 유명하고 아시아에선 한국사람들이 으뜸인 것 같다. 여행처럼 돈이 많이 드는 취미도 없지만 여행처럼 값어치 있는 취미가 또 있을까 싶다. 여행지에서 만난 사람, 여행 좋아하는 사람 치고 괜찮지 않은 사람을 나는 아직 보지 못했다. 여행 가려고 일하는 한국사람들에게 이 책을 바친다.

2022년 새 봄 마포나루에서 이화득 이미경

CONTENTS

렌터카 예약하기

숙소

PLAN
A TRAVEL
여행계획 세우기

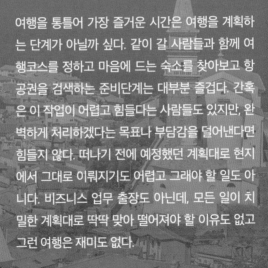

여행을 통틀어 가장 즐거운 시간은 여행을 계획하는 단계가 아닐까 싶다. 같이 갈 사람들과 함께 여행코스를 정하고 마음에 드는 숙소를 찾아보고 항공권을 검색하는 준비단계는 대부분 즐겁다. 간혹은 이 작업이 어렵고 힘들다는 사람들도 있지만, 완벽하게 처리하겠다는 목표나 부담감을 덜어낸다면 힘들지 않다. 떠나기 전에 예정했던 계획대로 현지에서 그대로 이뤄지기도 어렵고 그래야 할 일도 아니다. 비즈니스 업무 출장도 아닌데, 모든 일이 치밀한 계획대로 딱딱 맞아 떨어져야 할 이유도 없고 그런 여행은 재미도 없다.

여행 고수들은 숙소도 예약하지 않고 그냥 간다. 다니다가 마음에 드는 동네 나오면 거기서 알아보고 들어가는 게 더 속편하고 경제적이기 때문이다. 자유여행의 핵심은 말 그대로 자유롭게 다니는 여행이다. 계획이 촘촘해질수록 자유는 줄어든다.

여행인원

동행인원은 적을수록 좋다

가이드를 따라서 정해진 코스를 도는 일정이 아니라면, 여행 다니는 동안 무언가를 결정해야 할 일은 계속 생긴다. 어디를 가서 어디까지 보고 몇 시에 밥을 먹고 언제 어디서 쉬고 몇 시에 자고 몇 시에 일어날지… 사전에 정해진 것은 아무것도 없고 생전 처음 와보는 외국이기 때문에 그 결정들은 더 어렵고 신중해진다.

그런데 그 때마다 의견을 모아야 할 인원이 많아진다면 결정은 쉽지 않다. 만장일치의 의견을 모으기 위해서는 시간도 오래 걸리고 만장일치가 쉽지 않으므로 누군가는 양보하거나 누군가의 의견은 묵살되기 마련이다.

좋은 마음으로 함께 여행 떠났다가 원수가 돼서 돌아오는 사람들을 어렵지 않게 본다. 패키지여행보다 자유여행을 떠난 사람들에게서 그런 경우가 많다. 그 이유는 대부분 '의견충돌' 때문이다. 여행을 주도하는 사람은 최대한 배려했다고 생각하지만 다른 입장에서는 제 맘대로 했다고 느끼게 되고 그런 생각과 느낌이 하루하루 누적되다 보면 어느 시점에 폭발하여 큰 감정싸움으로 번지기 마련이다.

가장 좋은 것은 두 사람이 다니는 여행이다. 부부나 연인 친구 두 사람이 다닌다면 대부분의 결정을 만장일치로 할 수 있고 작은 차로도 가능하고 숙소문제도 쉽게 해결된다.

어린이를 동반하는 여행

어린 자녀들을 동반하는 여행도 나는 권장하지 않는다. 꼭 함께 가고 싶거나 어쩔 수 없는 경우라면 모르겠지만 '아이에게 견문을 넓혀주기 위해서'라면 추천하지 않는다.

"아는 만큼 보인다"는 말이 있듯이 아이들은 유럽 여러 나라를 돌아다녀도 보고 느끼는 게 무척 단순하다. 여행 다녀온 뒤 기억하는 것은 '어디선가 맛있는 걸 먹었다' '언젠가 굉장히 무서웠다' 정도여서 도대체 뭘 보고 다녔는지… 싶지만 어린 아이에게 뭘 기대하겠는가. 동화책 읽으면서 감동받을 아이에게 어른들의 인생소설을 읽어주면서 함께 감동받기를 기대하는 것과 다르지 않을 것 같다.

나도 우리 아이들을 데리고 여행을 많이 다녀보았지만 초등학생 때는 물론이고 중학생이 되어 따라간 여행에서도 기억나는 일은 별로 없다고 한다. 아이들에게 유럽의 이국적인 풍경은 테마파크의 이국적인 풍경과 별로 다를 게 없는 것 같다.

함께 보고 느끼고 싶은 것은 어른의 마음일 뿐이다. 어린아이를 데리고 가면 돈만 더 들고 아이 신경 쓰느라 어른도 힘들다. 친구도 없이 하루 종일 부모 따라다녀야 하는 아이는 덩달아 힘들고.

우리 아이들도 열 살, 열네 살 때 유럽 여행을 다녀왔다. 그렇지만 지금 기억에 남는 건 별로 없다고 한다. 더 어렸을 때 갔던 해외여행은 말할 것도 없다.

여러 가족이 함께 다니는 여행

숙식을 같이하는 가족들도 함께 여행하다 보면 의견충돌이 생기게 마련인데, 생계를 달리하는 두 가족 이상이 장기간 여행을 하다 보면 소소한 불만과 갈등은 피할 수 없다. 여럿이 함께 가는 이유가 무엇일까?

대부분 '의지가 되기 때문'이라고 한다. 그런데 정작 무슨 의지가 필요한 건지는 명확치 않다. 그냥 마음이 그런 것이다. 우리도 유럽을 수없이 여행해 보았지만 대여섯 명의 협력이 필요한 상황은 아직 본 적이 없다. 협력이나 의지가 되는 것은 마음 맞는 두 사람이면 충분하다.

여럿이 가려는 또 하나 중요한 이유는 비용 절약이다.

막연한 짐작으로는 큰 차 한 대에 여럿이 타고 다니면 절약이 많이 될 것 같지만 실제 얻어지는 이익은 연료비와 주차비 정도다. 금액으로 치면 1인당 하루에 1만원 내외. 여럿이 타려면 차가 커져야 하고 방도 여러 개를 동시에 잡아야 하므로 울며 겨자 먹기로 비싼 숙소로 가야 할 일도 생긴다. 비용적으로 가장 절약되는 인원은 정확히 3인 여행이며 이보다 많아지면 여행경비는 오히려 증가한다.

한사코 따라붙는 사람들이 있다.

그 마음은 무엇일까? 내게 의지가 되어주려고? 내 여행경비를 절약해주려고?

그건 아니다. "저 사람을 따라가면 실속있게 구경할 수 있겠지" 하는 판단 때문이다.

일행이 많아지면 차를 빌리는 것부터 시작해서 여러 가지가 복잡해진다.

혼자서는 엄두를 못 내지만 저 팀에 따라붙으면 운전도 해주고 좋은 구경도 시켜주고… 버스 타고 다니는 패키지 여행보다 훨씬 낫겠다 싶은 이기적인 판단 때문이다. 그래서 '착한 여행자가 되겠다'고 충성을 맹세하며 따라붙는다.

그러나 현실은 그렇지 않다. 현지에 도착해 사흘 나흘 지나면서 여행이 피곤해지기 시작하면 마음이 달라진다. 이런 거였냐며 불평을 늘어놓기 시작하고 어느 한 사람이 그러면 그 마음은 일행 모두에게 전염되고 여행은 점점 불편해지기 시작한다.

여러 가족이 함께 가려는 사람들에게 이런 조언을 하면 대부분 "국내에서도 많이 다녀서 괜찮다"고 한다. 그러나 해외 자동차여행은 제주도 3박4일 여행과는 수준이 다르다. 최소 열 시간이 넘는 장거리 비행, 7시간이 넘는 시차, 하루에 몇 시간씩 걸어야 하는 육체적 피로 등등, 국내여행에 비해 좋기도 훨씬 좋지만 피로도나 긴장감 또한 훨씬 더한 것이 해외 자동차여행이다. 유럽 자동차여행은 동해안 3박4일과는 차원이 다른 여행이다.

그래도 함께 가야 한다면

'따로 또 같이' 가족단위로 쪼개서 움직여야 한다. 두 가족이 간다면 차도 두 대를 빌리고 일정과 숙소도 각자 정하고 각자가 처리해야 한다. 함께 다니는 시간도 있겠지만 기본적으로는 가족단위의 일정이 만들어지고 여행지에서도 가족단위로 흩어져서 구경하고 돌아다녀야 한다. 집안 식구끼리도 하루 종일 붙어있으면 지겹고 짜증이 생기기 마련인데 두 가족 세 가족이 좁은 차에 부대끼면서 몇날 며칠을 24시간 뭉쳐 지낸다는 것은 생각만으로도 갑갑한 일이다.

만약 운전도 못하겠고 혼자 돌아다닐 자신도 없다는 가족이라면, 미안하지만 어쩔 수 없다. 그런 사람들은 하나부터 열까지 모든 것을 챙겨주면서 계속 데리고 다녀야 하는 짐덩어리가 될 가능성이 매우 높다. 내가 그들을 짐덩어리로 느끼기 시작하면 그 기분은 그들에게도 전달되게 되어 있고, 그러면 여행 다녀와서도 좋은 소리는 듣기 어렵다.

임무 배분

가족들을 데리고 여행을 떠나는 가장도 그렇고 친구들과의 여행을 계획하는 주모자들도 대부분 모든 걱정을 혼자 다 한다. 혼자서 알아보고 준비하고 현지에서도 혼자서 다 할 생각을 한다. 그것도 저 좋아서 하는 일이고 처음엔 좋기도 하다. 여행계획을 자기 입맛에 맞게 짜는 소득도 있다. 다른 사람들로써도 그 사람이 모든 것을 알아서 다 해주므로 무척 편하다.

그렇지만 그것은 바람직하지 않다. 혼자서 모든 일을 다 하려는 사람은 그래야 해서라기보다는 자기가 모든 걸 다 결정하는 버릇 때문인 경우가 많다. 준비단계에서부터 일행들과 상의 없이 혼자 결정하고 현지에 가서도 모든 일에 참견하다가 나중엔 가장 먼저 지쳐서 일행들에게 짜증을 낸다.

일을 나누어서 각자의 능력과 소질에 맞게 임무를 배분하는 것은 매우 중요한 일이다. 그것은 각자를 여행에 참여시키는 의미도 있다. 운전하는 사람은 운전 외엔 아무것도 신경 쓰지 말아야 하고 식사준비와 관계된 일도 한 사람이 모두 맡아서 책임져야 한다. 초등학생 정도라면 야영장 가서 텐트 치고 물품 정리하고 하는 일은 얼마든지 할 수 있고 출발 전 여행지에 대한 정보를 수집하는 것도 얼마든지 할 수 있다. 모두가 각자의 역할이 있는 팀이야말로 최고의 여행팀이다.

여행 다니면서 해야 할 일들을 종류별로 나누어보면,
① 운전 : 한 사람이 도맡아하는 것이 좋다. 운전 외엔 아무것도 신경 쓰지 않도록 해주어야 하고 그 사람 역시 다른 사람이 맡은 일에는 참견하지 말아야 한다.
② 일상 업무 : 숙소물색, 돈 계산, 영수증 정리, 물건 사기 등 그때 그때 일어나는 소소한 일들도 결코 작지 않다.
③ 식사 : 먹는 것에 대한 모든 것을 책임질 사람이 필요하다. 식품종류의 구입과 보관, 취사와 설거지, 뒷정리까지 하루 세끼 먹는 문제를 처리하는 것도 작지 않은 일이다.
④ 숙소 준비 : 야영장에 갔으면 텐트를 치고 자리를 깔고, 전기를 끌어오고, 짐을 정리하는 일. 그리고 다음날 텐트를 정리해서 트렁크에 깔끔히 집어넣는 것까지 한 사람이 책임지고 하면 좋다.

여행시기

유럽의 기후는 다양하다

현실적으로는 휴가를 낼 수 있는 시기가 가장 중요하겠지만 휴가가 허락하는 한에서는 기후가 가장 중요한 요소가 된다. 유럽은 생각보다 매우 넓고 동유럽 지역만해도 지역에 따른 기후 차이가 크다.

독일을 포함해 체코, 헝가리, 오스트리아 등 동부유럽은 한국과 마찬가지로 여름엔덥고 겨울은 춥다. 슬로베니아, 크로아티아 등 남부지역은 겨울이 온화하여 겨울 여행도 충분히 가능하다. 알프스 산맥을 끼고 있는 오스트리아는 가을부터 다음해 봄까지는 눈으로 통제되는 길도 많으므로 겨울 여행에 제약이 많이 따른다.

여름 여행의 장점

해가 길어서 활동할 수 있는 시간이 넘쳐난다.

유럽은 대부분 북위 40~50도 사이에 위치해 있어서 북위 35~38도 사이에 있는 우리나라(남한)에 비해 여름 해가 매우 길어지고 겨울이면 해가 매우 짧아지는 것이특징이다. 6~8월 중에는 새벽 5시면 해가 떠서 밤 9시가 넘도록 하늘이 훤하다.

야영장을 이용할 수 있다.

유럽에는 야영장이 매우 많고 시설도 잘되어 있다. 이용료가 저렴하고 예약 없이 이용할 수 있으므로 자동차여행자들에겐 이보다 요긴한 숙소도 없다. 그런데 대부분의 야영장이 5~10월까지만 문을 열고 이 외의 시기에는 문을 닫기 때문에 가고 싶어도 갈 수가 없고 열려 있는 야영장도 사람이 거의 없어서 쓸쓸하다.

야영장은 자동차여행 최고의 숙박시설이다. 시설도 잘돼 있고 값도 싸고, 먹는 것도 실컷 해먹을 수 있다. 그렇지만 겨울엔 이용하기 어렵다.

알프스 산악지역을 여행할 수 있다.

스위스를 중심으로 이탈리아, 오스트리아 지역에 걸쳐서는 해발 2000~3000m 사이의 고갯길이 수없이 많고 이런 고갯길을 넘어 다니는 산악드라이브 코스는 유럽 자동차여행의 백미라 할 만하다. 그런데 이 고개들의 통행 가능기간은 6~9월 정도까지이며 대부분의 고갯길들이 10월부터 다음해 5월까지는 통행이 차단된다. 알프스 산악을 차로 여행하려면 여름에 떠나야 한다.

유럽 자동차여행의 백미는 알프스 산악지역 드라이브다.

여름 여행의 단점

여름 여행의 가장 큰 단점은 '성수기'라는 것이다. 한국뿐 아니라 유럽 역시도 7,8월은 가장 붐비는 시기여서 이때가 되면 모든 '여행물가'가 오른다. 항공료도 오르고 자동차 렌트비와 숙박비도 오른다. 유명관광지 매표소에서도 오래 줄을 서야 하고 숙박시설도 미리 예약해놓지 않으면 현지에서 방 구하기도 어렵다.

항공료는 학생들의 방학 일정과 밀접하게 연관되어 있어서 초, 중등학교 방학이 시작되는 그 주부터 연중 가장 비싼 요금이 매겨지는 '극성수기'가 되고 방학이 끝나면 성수기도 끝난다.

남부 유럽의 크로아티아는 지중해성 기후로 여름이 되면 사막처럼 메마르고 뜨거워서 걸어다니기가 힘들 수 있다.

겨울 여행

동유럽의 겨울은 한국과 비슷해서 12월부터 2월 사이는 기온이 영하로 내려가고 눈 내리는 날도 많다. 여행 다니는 사람들도 별로 없어서 어디를 가나 쓸쓸한 분위기도 여행 기분을 다운시킨다. 오후 네 시가 넘어가면 어둑해질 정도로 해가 짧은 것도 겨울 여행의 단점이다.

겨울에 동유럽을 간다면 알프스 산맥 이남 지역 - 슬로베니아 크로아티아 이탈리아 북부 정도로 코스를 잡는 것이 좋다. 이 지역은 중북부와는 확연히 다른 지중해성 기후여서 겨울에도 날씨가 온화하고 가벼운 옷차림으로도 충분히 다닐 수 있다. 성수기가 아니므로 어디를 가나 여유가 있고 모든 물가가 저렴해지는 것도 장점이다.

봄가을 여행

휴가만 낼 수 있다면 동유럽은 봄이나 가을에 여행하는 것이 가장 좋다. 유럽의 봄 가을은 한국과 똑같아서 날씨도 좋고 하늘도 쨍하고 들꽃이 만발한 자연도 가장 아름답다. 성수기가 아니므로 항공료부터 렌트비 숙박비 모든 물가가 저렴하고 관광지에서도 여유롭게 즐길 수 있다. 그 중에도 가장 좋은 때를 정한다면 알프스 드라이브까지 즐길 수 있는 5월 말~6월, 그리고 8월 말~9월까지다.

여름 성수기를 피해 봄이나 가을에 갈 수 있으면 최고다.

여행경비

동유럽 자동차여행 경비를 항목별로 크게 분류해보면 항공권/렌트비/숙박비/기타 경비 네 가지로 나눌 수 있다.

여행경비는 그야말로 쓰기 나름이어서 좋은 차 타고 좋은 데서 자고 좋은 음식 먹고 다니면 1인당 500만원도 더 쓸 수 있지만, 최소한의 비용으로 계산해본다면 10일 이내의 여행에 1인당 250~300만원 정도를 예상할 수 있다.
- 유럽 항공사 기준 1인 왕복 항공료는 여행 시기에 따라 100~200만원 정도
- i30급 렌터카의 연료비, 통행료 모두 합쳐서 하루당 10만원 정도
- 3성급 호텔 또는 펜션 기준한 숙박비는 2인 1실 기준 하루당 10만원 정도
- 기타 경비는 1인 하루당 2만원 정도 잡으면 최소한이 될 것 같다.

여행경비에서 가장 큰 비중을 차지하는 것이 항공료이므로, 날짜가 늘어난다고 여행경비도 비례해 증가하는 것은 아니다. 10일 여행비용에서 30% 정도를 더하면 15일 여행을 다닐 수 있고 50% 정도를 더하면 20일 여행을 다닐 수 있다. 야영장을 이용하고 레스토랑에서 사 먹는 것을 자제한다면 여행경비는 더 절약할 수 있다.

여행경비는 쓰기 나름이어서 고급 호텔만 찾아다닌다면 여행경비는 한없이 든다. 그러나 비싼 호텔이 아니더라도 편한 잠자리는 많다. 사진은 이탈리아 북부의 60유로짜리 호텔

여행코스

처음 가는 사람들이 저지르기 쉬운 실수

여행을 처음 가는 사람들은 대부분 코스를 과도하게 짜는 경향이 있다. 패키지 여행 상품에 흔히 소개되는 것처럼 '몇 일에 몇 개국' 하는 식으로 이름난 도시들을 다 집어넣다 보니 이동거리가 길어진다. 어떤 사람은 운전에 자신 있다고 하면서 하루 평균 600km씩, 보름 동안 대륙을 일주하는 계획을 잡기도 한다. 불가능한 일도 아니다. 그러나 자동차가 날아다닐 수도 없는 일이므로 그렇게 되면 여행기간 대부분을 차에 앉아 보내게 된다. 그러나 그렇게 다녀온 여행에서 남는 게 무엇일까.

또 하나 공항에서 내려서 첫날부터 장거리 이동을 계획하는 사람들이 많다. 대개 짧은 휴가기간에 한 군데라도 더 가려는 마음으로 그렇게 계획을 잡지만, 그것은 힘들기도 하지만 위험한 일이므로 삼가는 게 좋다. 장거리 비행에 7시간 이상의 시차는 신체적 정신적으로 매우 힘든 일이기 때문이다.

공항에 도착한 다음 차를 가지고 공항을 출발할 때까지 빨라도 두 시간은 걸린다. 비행기가 연착할 수도 있고 렌터카영업소에서 오래 기다릴 수도 있으므로 오후에 도착하는 비행기라면 숙소가 가까운 곳에 있다 해도 저녁시간이 돼야 들어갈 수 있다. 첫 날은 공항 가까운 곳에서 자고 다음날 아침 개운해진 몸과 마음으로 출발하는 것이 현명한 계획이다.

늦게 자고 늦게 일어나는 것보다 일찍 자고 일찍 일어나는 것이 훨씬 이익이다. 하루는 어차피 24시간이다.

여행정보 수집

자유여행을 가려면 여행정보를 얻고 코스를 결정하는 일은 스스로 해야 한다. 많이 알려진 곳이 반드시 좋은 것도 아니고 남이 좋다 한다고 내게도 좋은 것은 아니므로 정답은 없고 부담가질 것도 없다. 더구나 처음 가는 유럽여행이라면 그야말로 아무렇게나 짜도 어떻게 다녀도 다 최고의 코스가 된다. 여행코스라는 것도 초보, 고급… 수준에 따라 다르고 사람마다 식성이 다르듯 여행의 취향도 다르므로 남들이 다녀온 여행코스가 내게도 정답이 될 수는 없다.

가장 좋은 정보원은 책이다

책에서 제공되는 정보와 인터넷에서 얻는 정보의 값어치는 10:1 이상이다. 인터넷에는 누구나 쉽게 글을 쓰고 정보를 제공하지만 책은 쉽게 출간할 수 없으므로 책으로 소개된 여행지라면 일단은 검증된 곳이라고 할 수 있다.

한국인 작가가 쓴 여행안내서
좋은 책들도 있지만 여행사의 TC(가이드)들이 쓴 여행정보 책들은 버스 타고 다니는 패키지 관광지 위주로 짜여지기 쉽다. 자동차로 다닌다면 패키지 관광코스에 들어가지 않은 좋은 곳도 많으므로 저자의 약력 같은 것도 잘 살펴보고 선택해야 한다.

일본에서 발간된 여행안내서 번역본
예전부터 나온 유럽 여행가이드북은 일본 여행서 시리즈를 그대로 번역해서 출간한 것들이 대부분이었다. 일본사람의 시각으로 본 일본 스타일의 여행안내서이므로 우리에겐 맞지 않는 점이 있다. (과도한 여행 예절, 서구에 대한 무조건적인 동경 등)

유럽에서 발간된 여행안내서 번역본

가장 객관적이고 도움 되는 안내서로 추천할 수 있다. 관광지에 대한 주관적 평가 없이 객관적인 정보만을 간략히 제공하지만 이 책에 짧게라도 소개된 여행지라면 어디나 다 가볼 만한 곳이다.

구글지도

여행자의 필수품이 된 '구글지도'에는 그것을 활용하는 방법만으로도 책 한 권을 쓸 수 있을 만큼 여러 가지 기능들이 숨어있다. 그 중 자동차여행에 꼭 필요한 몇 가지 필수기능만 알아본다.

기본 작업

구글지도를 제대로 활용하기 위해서는 gmail 계정과 크롬브라우저 설치, 구글지도 로그인 작업이 필요하다. 이런 것 없이 익스플로러 브라우저에서도 구글지도를 볼 수 있지만 그때는 단순히 지도 기능만 제공될 뿐 구글지도에 숨어있는 여러 가지 편리한 기능들을 사용할 수 없다.

검색창에 한글로 '카를교'라고 입력해서 프라하 카를교 정보를 얻었다.

여행지 정보 얻기

구글지도에 로그인하고 원하는 지역을 열어서 궁금한 지역을 찾아본다. 지도에 나온 지명을 클릭해도 되고, 검색창에 한글로 입력해도 된다.

좌상단에 사진부터 주소/전화번호/영업시간/사진/방문자 리뷰/홈페이지 등 모든 정보가 나오고 아래로 내려가면 이곳에 대한 인터넷 상 문서들도 나온다. 이것만으로도 어지간한 책 이상의 정보를 얻을 수 있다.

리뷰가 많은 곳은 일단 유명한 곳이라는 뜻이겠고 리뷰내용을 읽어보면 그 곳에 대한 사람들의 평가를 짐작할 수 있다. 한국사람들이 쓴 리뷰가 먼저 뜨고 외국인들의 리뷰도 한글로 번역돼서 나오므로 보기 편하다.

'저장' 버튼을 클릭해서 저장해두면 그 위치는 노란별로 구글지도 서버에 기록되고 다음번 구글지도에 로그인해서 지도를 열어보면 내가 표시해둔 노란별이 언제나 표시되므로, 코스를 짜거나 그곳의 여행정보를 다시 보고 싶을 때, 스마트폰으로 길을 찾아갈 때 편리하게 사용할 수 있다.

'저장'을 한 번 클릭하면 노란별이 지도상에 표시되고 '저장완료' 상태에서 다시 클릭하면 저장이 해제되고 별이 사라진다.

주소/좌표 얻기

지도의 어느 지점이라도 커서를 가져가서 우클릭하면 제일 상단에 그 지점의 좌표가 표시된다. 이 좌표를 클릭하면 화면 하단에 '클립보드에 복사됨' 이라고 뜬다. 다

음으로 지도 좌상단의 검색창에서 복사된 좌표를 입력하고 돋보기를 누르면 그 지점에 대한 상세 정보가 나온다.

좌표도 우리가 일반적으로 쓰는 북위 몇 도 몇 분, 동경 몇 도 몇 분 형태로 변환돼서 사진 아래 크게 표시된다. 이 좌표를 내비게이션에 입력하면 된다.

내비게이션에 입력할 때는 도, 분, 초를 순서대로 입력하는데 내비게이션에 따라 마지막 초 단위 끝자리는 입력칸이 없을 수도 있다. 그러나 초단위 끝자리 숫자는 불과 몇 m 차이를 나타내므로 무시해도 된다.

숙소 찾기

스마트폰으로든 데스크탑 PC에서든 구글지도를 열고 검색창에 '호텔'이라고 치면 주변의 호텔들이 모두 표시된다. 호텔 등급과 함께 1박 요금도 표시되고 홈페이지, 전화번호도 모두 나오며 부킹닷컴같은 예약사이트를 통해 예약도 바로 할 수 있다. 가까운 곳이라면 전화 걸어서 방 있는지 물어보고 직접 가도 된다.

찾아가는 길은 구글지도가 내비게이션 기능을 하므로 구글지도가 안내하는 대로 좌회전 우회전 따라가면 된다.

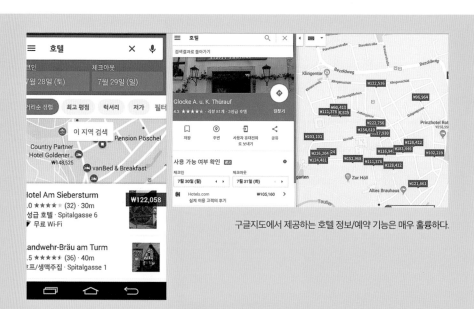

구글지도에서 제공하는 호텔 정보/예약 기능은 매우 훌륭하다.

구글지도의 '소요시간'은 믿기 어렵다

구글지도에서 두 지점을 찍으면 두 지점간 거리와 소요시간을 계산해준다. 무척 편리한 기능이지만 여기 제시되는 소요시간을 그대로 믿으면 안 된다.

적지 않은 사람들이 '구글지도의 소요시간'에 맞춰서 일정 계획을 짠다. 그것도 아주 타이트하게. 그리고 거기 맞춰 숙소까지 취소불가로 예약해놓고 그 일정에 맞춰 다니느라 죽을 고생을 했다는 사람들도 있다.

예를 들어 구글지도에서 뮌헨 공항~프라하 시내를 찍으면 350km 3시간 33분으로 나온다.

350km면 서울 한남대교에서 울산 입구 언양까지 가는 거리다. 서울에서 울산을 3시간 반에 갈 수 있을까? 물론 유럽의 고속도로는 한국보다 빠르고 운전하기도 편하지만, 세 시간 반 동안 쉬지 않고 운전만 할 수는 없다. 중간에 한 번은 쉬어야 하고, 밥도 먹어야 한다면 실제로는 이보다 긴 시간이 필요하다.

짧은 거리라면 구글지도의 소요시간을 그대로 믿어도 되지만, 200km 이상 장거리라면 쉬는 시간 30분은 추가해야 하고, 더 장거리라면 밥 먹는 시간까지 넣어서 계산해야 실제 시간이 나온다.

RENTAL
CAR

렌터카 예약하기

동유럽 자동차여행 준비에서 가장 어려운 부분이 렌터카일 수 있다. 해외 렌터카 경험이 많은 사람이라면 별 일 아닐 수 있지만 그렇지 않은 경우 알아봐야 할 것도 많고 주의해야 할 일도 많다. 그냥 항공권이나 호텔처럼 가격과 평점 보고 간단히 예약할 수 있으면 좋겠지만 렌터카는 나라마다 렌트사마다 조건이 다르고 보험용어도 다르고 요금 구성도 다양해서 렌트사별 견적 비교하는 것도 쉽지 않다. 유럽 자동차여행 준비가 100이면 렌터카 준비가 90은 차지하는 것 같다.

이 책에서는 처음 가는 사람들이 놓치기 쉬운 중요 정보를 최대한 정리해서 자세히 알려드리고 있으므로 여기 있는 대로만 준비하면 문제 없다.

항공권보다 렌터카 정보가 먼저다

흔히는 항공권을 먼저 예약해놓고 그에 맞춰 차를 알아보지만 차부터 알아보는 것이 순서다. 항공권은 요금만 맞으면 간단히 결정할 수 있지만 자동차는 항공권처럼 단순하지가 않아서 픽업국가, 렌트사, 예약시기에 따라 대여조건과 요금이 천차만별이기 때문이다. 나라별 요금 차이도 있지만, 심할 경우는 여행 자체가 불가능해서 일정 전체를 다시 짜야 하는 경우도 생길 수 있다.

일반적으로 동유럽 국가의 렌트비가 비싸다는 점, 서유럽에서 픽업한 차는 동유럽 입국이 안 된다는 점, 차종에 따라 다른 나라 입국에 제약을 받는 점 등 여러 가지 고려요소가 있으므로 자동차에 대한 필수적 정보를 충분히 파악하고, 인/아웃 도시를 결정한 다음 항공권을 발권해야 한다.

독일, 스위스, 오스트리아에서 픽업한 렌터카로 동유럽 6개국(폴란드/체코/헝가리/슬로베니아/슬로바키아/크로아티아)를 여행할 수 있고 그 외의 나라는 불가하다. 보험 때문이다.

그런데 렌트비는 독일과 체코(선불예약의 경우)가 가장 저렴하고 그 외의 나라는 비싼 편이어서 열흘 이상 장기간이 되면 렌트비로 50만원 이상 차이가 나기도 한다. 따라서 동유럽을 여행하는 많은 사람들이 독일 인/아웃 일정으로 코스를 짠다. 독일 국내에서는 픽업/반납 도시가 달라져도 편도비용이 없으므로 프랑크푸르트와 뮌헨을 인/아웃 도시로 많이 선택한다.

체코가 여행목적지에 들어있다면 체코에서 차를 픽업하는 것도 가격면에서 유리하다. 후불예약시엔 비싸지만 〈여행과지도〉에서 하는 선불예약으로 하면 렌트비가 대

동유럽에선 체코에서 픽업/반납 하는 것이 가장 유리하다.

폭 할인된다.

크로아티아가 주 목적지라면 크로아티아에서 픽업/반납하는 것이 좋다. 독일이나 체코에서 차를 끌고 내려가는 것도 어렵지만 크로아티아의 렌트비도 저렴한 편이고 크로아티아와 국경을 접한 주변국들도 자유롭게 여행할 수 있기 때문이다.

스위스와 오스트리아에서 픽업해도 동유럽 여행을 할 수 있지만 독일이나 체코보다 렌트비가 비싸진다. 프랑스나 이탈리아에서 픽업한 렌터카는 동유럽에서 보험적용이 안 되므로 여행할 수 없다.

보험

국내에서도 그렇지만 유럽 자동차여행에서 보험보다 중요한 것은 없다. 말도 통하지 않는 외국의 거리에서 사고라도 나면 믿을 것은 보험뿐이기 때문이다. 현지의 주민도 현지의 경찰도 외국인 여행자인 내편이 되어주리라고 기대하기는 어렵다.

간혹 비용절약의 차원에서 저가형 보험을 가입하거나 추가보험은 생략하고 가는 사람들도 있지만 그것은 위험한 선택이다. 물론 대부분 여행자가 보험처리할 일 없이 무사하게 여행을 마친다. 그리고 돌아와서 생각하면 비싸게 지불한 보험료가 아깝게 생각될 수도 있다. 그렇지만 보험은 원래 그런 것이다. 국내에서도 20년 30년 무사고 운전자일수록 보험은 더 철저하게 챙기고 그렇게 대비하는 사람이 사고도 내지 않는다. 해외에서라면 보험은 더욱더 중요하게 다뤄야 한다.

기본보험

유럽의 모든 렌터카에는 자차, 대인대물, 도난 보험이 기본으로 들어있다. 이것만으로도 최소한의 보호 수단은 되지만 이 보험에는 보험 처리시 고객이 일정금액을 부담해야 하는 '면책금'이라는 것이 있다. 면책금은 차종에 따라 200~300만원 또는 그 이상까지의 한도로 정해진다. 또한 운전자 본인의 병원 치료비에 대해서는 보상해주지 않는다.

추가보험 (슈퍼커버)

차량 손상에 대한 고객 부담금을 경감시켜 주거나 '완전면책'을 보장해주는 보험이다. 보상범위는 렌트사에 따라 다르고 보험료도 차이가 있는데, 허츠같은 메이저 렌트사의 추가보험은 대부분 '완전면책'을 보장한다.

보험의 이름은 렌트사마다 다른데 허츠와 에이비스는 '슈퍼커버', 식스트나 유럽카 같은 곳은 'SCDW' 등으로 부른다. 완전면책 보험은 허츠렌터카가 최초로 도입했고 가장 유명해서 어느 렌트사에서든 '슈퍼커버'라고 하면 다 통한다.

완전면책의 경우 음주운전같은 중대과실이 아닌 이상 고객의 잘잘못을 따지지 않고 차량 손상에 대해 전액 보상해주며 슈퍼커버 가입된 차는 반납할 때도 차의 외관을 살펴보지 않고 키만 받는 경우가 대부분이므로 매우 간편하다.

추가보험 (상해/휴대품 도난)

렌트사에서 제공하는 자동차여행자보험이라 할 수 있다. 교통사고시 운전자와 동승자의 병원치료비를 책임져주고 차량털이를 당했을 때도 보상받을 수 있다. 한국의 여행자보험과 유사한 성격이지만 한국의 보험사에 따라서는 '해외 렌터카 이용 중 입은 상해'에 대해서는 보상하지 않는다는 약관을 이야기하는 곳도 있고 보상금액이 턱없이 작은 경우도 있다. 렌트사에서 제공하는 상해/휴대품 도난 보험이 있다면 가입하는 게 좋고 없다면 국내에서 여행자보험도 반드시 가입하고 가야 한다.

렌트사 선택

렌트사별 차이

유럽에도 여러 렌트사가 있다. Hertz, Avis 처럼 이름난 렌트사도 있고 Rent+, Uni-rent, Novarent 처럼 그 나라에서만 알려진 로컬 렌트사들도 많고 Rentalcars.com, Priceline.com 같은 브로커 사이트들도 많다.

견적으로 보여지는 가격이 저렴하면 일단 마음이 끌리게 되지만 가격만 보고 예약하는 것은 위험하다. 다른 일들과 마찬가지로 싼 가격을 내세우며 광고하는 문장 속에는 숨어있는 내용이 있게 마련이며 애매한 표현은 결정적인 순간 고객에게 불리하게 적용되기 십상이다.

항공료나 숙박요금은 내용이 단순하지만 렌트카 요금은 열 가지가 넘는 항목으로 구성돼 있어서 같은 일정 견적을 받아도 포함/불포함/현지결제/선택옵션 등에 따라서 두 배, 세 배까지 요금차이가 날 수도 있다.

중소 렌트사나 브로커 사이트는 '싸보이는 견적'으로 유인하는 경우가 많으므로 렌트사는 일단 이름을 많이 들어본 큰 렌트사를 선택하는 것이 안전하다.

현지에서만 영업하는 로컬 렌트사는 국경 넘어 다른 나라에서 고장이나 사고가 났을 경우 처리가 매우 어려워지게 되므로 여러 나라를 여행할 경우라면 더욱이나 글로벌 렌트사를 선택하는 것이 좋다.

가격비교 사이트는 주의!!

가격비교 사이트는 스스로가 '저희는 브로커입니다' 라고 표현하는 것처럼, 렌트사와 고객 사이에 존재하면서 예약을 중개해주고 수수료를 챙기는 회사들이다. 고객이 일정을 입력하면 여러 렌트사들의 요금을 비교해서 가격순으로 정렬해 보여주고 가장 저렴한 렌트사를 선택하도록 하는, 나름 합리적인 영업을 하고 있지만 이런 사이트를 이용할 때엔 주의해야 할 점들이 있다.

- **고객은 렌트사가 아니라 브로커 사이트와 계약하는 것이다.**
  예약조건이나 변경방법 취소시 환불규정 사고시 보험적용 등이 렌트사의 규정과 전혀 다르고 각각의 브로커 사이트에는 브로커 사이트 고유의 약관이 존재한다. 그래서 과거 이용했던 렌트사의 이용 조건이 브로커 사이트를 통해 예약할 경우에도 동일하게 적용 된다고 생각하면 안 된다.

- **보험이 다르다**
  사고가 나면 렌트사에서 요구하는 수리비용을 고객이 모두 지불해야 한다. 그 후 그것을 가격비교 사이트에 청구해서 환불 받게 되는데, 사이트에 따라 이 과정이 매우 복잡하기 도 하고 청구한 금액 전부를 받지 못하는 경우도 있다.

- **추가보험료 중복 지불**
  가격비교 사이트에서 '풀커버' 보험을 가입했다고 생각했는데 현지 영업소 담당자가 추가 보험이 빠져 있다며 가입을 권유하는 경우도 흔히 있다. 피차 외국어인 영어로 소통하다 보니 이해가 쉽지 않고 그래서 추가보험을 강요당했다는 불만을 털어놓는 사람들도 많다. 가격비교 사이트에서 제공하는 추가보험은 렌트사와는 관계없는 '유사보험 상품'이므로 렌트사의 시스템에는 그 사실이 기록되지 않고 인정도 하지 않기 때문에 생기는 일이다.

- **취소시 위약금**
  렌트사에 직접 예약할 경우는 언제 취소하더라도 위약금이라는 게 없다. 그러나 가격비 교 사이트는 예약단계에서 반드시 카드 결제를 하도록 되어 있고 예약 후 바로 취소하더 라도 위약금을 뗄 수 있다. 위약금은 경우에 따라 다른데 브로커 사이트에는 이 부분에 대해서 분명하게 적혀있지가 않으므로 잘 찾아봐야 한다.
  당일 취소나 서류미비(면허증 분실 등), 지각 등의 사유로 차를 쓰지 못해도 지불한 렌트 비 전액을 돌려주지 않는 경우가 대부분이다.

- **렌트사에 직접 하는 것보다 싸지 않다**
  렌트사별 가격차이는 존재하지만 동일한 렌트사라면 렌트사에 직접 예약하는 것보다 가 격비교 사이트에서 더 싸게 팔지는 않는다. 만약 허츠렌터카를 브로커 사이트에서 더 싸 게 예약할 수 있다면 요즘 같은 시대에 전 세계의 모든 허츠 예약에이전시는 다 문을 닫 아야 할 테니 그건 이론적으로 성립되지 않는 말이다.

'큰 렌트사'에 '직접'

Hertz www.leeha.net
Avis www.avis.com
Sixt www.sixt.co.kr
Europcar www.europcar.co.kr

큰 렌트사일수록 예약진행과정이 투명하고 믿을 수 있으며 필수적인 비용을 숨겨놓았다가 현장에서 꺼내놓는 등의 '상술'은 부리지 않는다. 유럽의 렌트사를 규모의 순서로 꼽으면, 허츠(Hertz), 에이비스(Avis), 식스트(Sixt), 유럽카(Europcar) 정도를 꼽을 수 있다.

렌트사에 직접 예약하면 언제 취소하더라도 위약금이 없고, 렌트사에서 직접 제공하는 보험이 가입되므로 앞에 설명된 완전면책을 보장받을 수 있다. 현지에서 차량 고장이나 사고가 났을 때도 유럽 전역에 걸친 A/S망의 도움을 받을 수 있다.

또한 국내 사무소의 존재 여부는 예약부터 사후 A/S까지의 과정에서 매우 중요하다. 국내에 사무소가 있으면 필요한 때에 여러 가지 문의나 도움을 받을 수 있지만, 그렇지 않은 경우는 모든 것을 웹페이지를 통해 외국회사와 상대해야 한다. 무언가 궁금하거나 도움이 필요한 일이 있을 때 전화 한 통화로 즉시 해결할 수 있느냐 없느냐의 차이는 매우 크다.

한국의 경우 Hertz 렌터카가 유럽 렌터카 수요의 70% 정도를 차지하고 있는데 그것은 'Hertz' 브랜드 자체의 이유도 있지만 '허츠코리아' '여행과지도' 등 예약 관련해 상담할 수 있는 창구가 많고 '한국인에게 특화된' 요금을 제공하는 것이 큰 이유다.

허츠같은 큰 렌트사는 오지에서 연료가 떨어졌을 때에도 연락하면 연료를 가지고 와준다.

여러 나라 여행

픽업국가에 따른 렌트비 차이

같은 렌트사여도 픽업하는 나라에 따라 요금 차이가 크고 예약방법에 따라서도 차이가 크다. 동유럽에서는 체코와 폴란드에서 '선불예약'으로 하는 것이 가장 저렴하고 오스트리아 픽업도 다른 나라에 비하면 저렴한 편이다. 일정에 여유가 있다면 렌트비가 가장 저렴한 독일에서 픽업해 동유럽 여러 나라를 돌아오는 코스도 좋다. 스위스에서 픽업해도 동유럽 6개국을 여행할 수 있지만 렌트비가 비싼 편이다.

편도렌탈

메이저 렌트사의 경우 유럽 전역에 렌터카 영업소가 있으므로 기본적으로는 유럽 내 어느 나라, 도시에서든 픽업과 반납이 가능하다. 그러나 서유럽 국가에서 픽업한 차는 동유럽 국가에 반납이 제한되는 경우가 많고 픽업한 이외의 도시에 반납할 경우 차를 되가져가는 편도렌탈비(Drop Fee)가 적지 않게 추가된다.

편도렌탈비는 동일 국가 내에서는 무료인 나라도 있고 받는 경우도 있는데 이것은 렌트사마다 국가마다 조건이 모두 다르고 예고 없이 바뀔 수 있는 항목이므로 예약(견적) 시점에 확인해 보아야 한다.

픽업 국가별 여행조건

체코/폴란드	인접한 동유럽 5개국 여행 가능. 허츠 선불예약으로 하면 렌트비가 저렴함
크로아티아	동유럽 / 서유럽 대부분 국가 여행 가능. 렌트비는 경우에 따라 다름
헝가리	인접한 동유럽 5개국 여행 가능. 렌트비 비싼 편
독일/스위스	동유럽 6개국 여행 가능. 보험료 할증 없음. 독일의 렌트비가 저렴함
오스트리아	동유럽 6개국 여행 가능하지만 보험료 할증되고 렌트비도 비싼 편임
이탈리아	크로아티아와 슬로베니아만 여행 가능 / 보험료 할증 없음
그 외 서유럽 국가	동유럽 입국불가
차종 제한	서유럽에서 픽업한 BMW와 Benz 메이커 차종은 동유럽 입국 불가

독일의 렌트비가 가장 저렴하다.

여행제한

인 아웃 도시를 결정하기 전에 꼭 알아야 하는 것이 여행제한 국가들이다. 우리가 볼 때는 하나의 유럽이지만, 유럽 여러 나라들은 제각각의 규정을 가지고 있으며 보험 조건도 다르다.

렌터카로 동유럽을 여행하려면 독일에서 픽업하는 것이 가장 좋다. 동유럽에서 보험이 적용되며 렌트비 자체가 저렴하기 때문이다.

예약시기

예약은 픽업 24시간 전까지 가능하지만 일찍 해두는 게 좋다. 임박해서 예약하면 원하는 차종이 없거나 요금이 비싸질 수 있기 때문이다.

유럽엔 오토 차종이 많지 않다. 한국이나 미국의 렌트카는 100% 오토 차종이지만 유럽사람들은 전통적으로 수동차를 선호하며 유럽 렌트카 이용자 역시 유럽사람들이 대부분이므로 오토차의 수요가 많지 않다.

결정적으로, 렌트사에선 신차를 들여와 1~2년 대여한 후 그 차를 중고로 처분하는데, 중고로 판매할 때도 오토차의 인기가 없다고 한다.

렌트요금은 일찍 예약한다고 반드시 싼 것은 아니다. 렌트요금노 자량 수납사성에 따라 올라갔다 내려갔다 하지만 몇 달 전에 예약한 것보다 며칠 앞두고 예약할 경우 오히려 싼 요금이 나올 수도 있다. 차량 수급사정에 따라 할인행사를 하기도 하므로 임박해서 할 경우가 더 싼 경우도 적지 않다.

유럽 렌트카에서 가장 신경써야 할 점은 '오토 차종 매진'의 경우이므로 일찌감치 예약해두고, 같은 일정으로 이따금 견적을 내보아 전보다 요금이 내려갔다 싶으면 그 때 새로 예약하고 기존 예약을 취소하는 방법이 좋다.

차량 선택

렌터카는 등급으로만 예약되며 구체적인 메이커는 지정되지 않는다. 예약시 '대표 차종'으로 제시되었던 차가 가장 많기는 하지만 그 외에 다른 차들이 나오는 경우도 많으므로 어떤 차가 나올지는 받아봐야 안다.

연료의 종류, 오디오, 선루프 등 차의 사양도 선택할 수 없다. 렌트사에 따라 구체적인 메이커나 연료를 지정해 예약할 수 있는 경우도 있지만 대부분의 경우는 등급으로만 지정 가능한 것이 일반적이다. 그 또한 성수기에 차가 부족할 때는 전혀 다른 등급의 차를 배차 받는 경우도 있으므로 구체적인 사양 같은 것은 기대하지 않는 게 좋다.

등급 외에는 선택할 수 있는 여지가 없으므로 차의 선택은 인원과 짐을 고려해 크기로 결정하는 것이 맞으며 한국의 유사차종을 생각하여 결정하면 무리가 없다. 특히 한국 여행자들은 짐이 많은 편이어서 트렁크 공간을 우선 고려해야 한다.

예를 들어 미드사이즈라면 카렌스~소나타 정도 크기의 차를 기대할 수 있고, 받을 수 있는 차종은 예시된 차종 중의 하나가 될 것이다. 이 차로 4명 정도의 여행은 가능하다고 본다. 다섯 명도 탈 수는 있지만 좌석이 비좁아지고 인원이 늘어나는 만큼 짐의 양도 늘어날 것이므로 이때는 미드사이즈 왜건형이나 7인승 미니밴을 선택하는 것이 좋다. 미드사이즈 왜건형이나 7인승 미니밴이나 실내공간과 트렁크의 크기는 비슷하므로 차 요금이 저렴한 미드사이즈 왜건형이 더 합리적인 선택이 될 것이다.

1 2
3 4

1 미드사이즈 왜건형은 유럽에서 쓸 수 있는 가장 큰 사이즈의 차다. 트렁크 공간은 7인승 미니밴 못지않게 넓고 승차감도 좋아서 5인 여행에도 권할 만하지만 독일에서만 예약가능하고 수동기어밖에 없는 것이 단점이다.

2 5인승 승용차 트렁크에 최대로 들어갈 수 있는 짐은 28인치 캐리어 두 개와 기내용 캐리어 두 개다.

3 7인승의 3열을 짐칸으로 쓰면 5인 짐가방도 충분히 들어간다.

4 7인승의 3열까지 다 펴면 짐 실을 공간은 거의 남지 않는다.

대금 결제, 보증금

해외 렌터카의 일반적인 결제방식은 신용카드 후불결제다. 예약단계에서 신용카드 정보를 요구하지는 않고 현지 영업소에서 픽업 수속할 때 신용카드를 제시하면 그것으로 총 렌트비를 상회하는 금액을 보증금(Deposit)으로 승인 신청해놓았다가 차 반납 후 정산해서 실제 결제가 이루어지는 형태다. 따라서 차를 픽업하기 전에 지출되는 비용은 없으며 신용카드 정보를 주지 않았으므로 예약취소시에도 위약금은 없다. '허츠 사전결제'는 국내에서 모든 비용을 지불하고 가는 예약이다. 추가보험까지 포함한 모든 요금을 국내에서 원화로 입금완료하고 떠나며 현지에서는 옵션비용만 신용카드로 추가결제하게 된다. 사전결제 역시 기본적으로는 위약금이 없어서 취소시에도 전액환불이 원칙이지만 외화 송금/환불과정에서 발생하는 수수료는 공제한다.

어떤 예약방식이든 현지 카운터에 주 운전자 본인의 신용카드를 반드시 제시해야 한다. 이것은 렌트비 금액만이 아니라 차에 대한 보증의 개념이 있기 때문이다. 카드는 '주운전자 본인의 이름이 찍혀있는 신용카드'만 가능하며 여기에 예외는 없다.

보증금으로 정해진 금액은 없지만 통상 옵션 포함한 총 렌트비의 20% 정도를 상회하는 금액을 잡는다. 차 픽업할 때 카드사에 승인신청 해놓았다가 차가 반납되면 요금을 정산하여 최종결제 금액만을 인출하고 최초 승인신청 되었던 금액은 자동소멸되는 형태로 이루어진다.

보증금으로 잡힌 금액은 이미 승인된 금액이므로 카드 사용가능 한도는 그만큼 줄어들게 된다. 따라서 장기간 렌트하면서 신용카드를 하나만 가지고 가면 한도액 부족으로 카드 사용이 어려워질 수 있다.

허츠 골드회원의 경우는 픽업 전날 보증금 승인 문자를 받게 된다. 고객이 오기 전에 모든 서류작업을 끝내놓기 때문이다.

변경과 취소

렌트사 또는 정식 예약 에이전시를 통해 예약했을 경우 변경과 취소는 쉽다. 예약한 웹사이트에 다시 들어가서 직접 진행할 수도 있고 전화로 요청해도 된다. 그러나 변경의 경우 차량 확보 여부는 그 시점 현지의 차량 수급상황에 따라 달라진다.

취소하지 않고 나타나지도 않는 'No Show'의 경우 렌트사는 큰 손실을 입게 된다. 따라서 대부분 렌트사가 '노쇼 페널티' 규정을 두고 있지만 허츠렌터카의 경우 노쇼 페널티가 없다. 한국인들에게 주어지는 특혜인 셈이다.

페널티가 없다고 하지만 차를 픽업하지 못할 사정이 생겼다면 지체없이 예약취소를 해주는 것이 맞다. 노쇼가 많아지면 언젠가는 한국 여행자들에게도 노쇼 페널티를 물릴 수 있기 때문이다.

영업소

렌터카 영업소는 유럽의 어지간한 도시에는 다 있다. 영업시간은 공항영업소가 가장 길어서 새벽부터 자정 전후까지 영업을 하며 시내에서는 중앙역 영업소의 영업시간이 가장 길다. 공항과 중앙역 이외 시내의 영업소는 일과 중에만 영업을 하는 경우가 많고 주말에는 쉬거나 영업시간이 짧다. 영업소에 따라서는 영업시간 외 무

12

1 어느 나라나 공항영업소가 가장 커서 차도 많고 영업시간도 길다.
2 시내 영업소는 가지고 있는 차가 많지 않고 영업시간도 짧다.

인반납 시스템을 갖춘 곳도 있다.

공항, 중앙역 이외의 시내 영업소에서 픽업하면 렌트비가 다소 저렴해지지만, 이런 곳들은 대부분 주말에 문을 열지 않고 보유하고 있는 차가 많지 않아서 원하는 차종을 받지 못할 우려도 있다.

추가운전/연령제한

추가운전자 등록

추가운전자 등록은 현지 영업소에서 차 받을 때 추가운전자의 면허증을 제시하고 등록하도록 되어 있다. 예약단계에서는 할 수 없다. 추가운전 등록은 렌트 기간 도중에도 아무 영업소나 방문하여 등록할 수 있지만 비용은 전 렌트기간에 대해 다 지불해야 하며 일부기간만 등록할 수 없다. 허츠렌터카 골드회원으로 예약하면 배우자는 추가운전 등록비가 면제된다.

픽업할 때는 반드시 주 운전자가 차를 받아야 하지만, 반납할 때는 추가운전자가 해도 된다.

나라별 추가운전자 등록 비용

나라	1인/1일당 요금	최대금액
독일	10.98유로 (4인 추가) (54.92 유로/1주일)	210유로
오스트리아	7.27유로	(최대금액 없음)
스위스	14.97프랑	149.70프랑
체코	1089 코루나 (렌탈당)	
헝가리	25.4유로 (렌탈당)	
폴란드	12.92즈워티	116.24즈워티
크로아티아	10유로	100유로

연령제한

운전가능 최소 연령은 나라마다 조건이 다른데 만19~23세부터로 제한되어 있다. 픽업일 기준하여 만25세를 넘지 않았으면 'YOUNG DRIVER' 추가비용이 붙는다. 만25세 미만자는 운전할 수 있는 차종에도 제한이 따라 대부분 국가에서 소형~미드사이즈까지만 운전할 수 있고 고급차종은 안 된다. 영드라이버를 추가운전자로 등록할 때에도 전 렌트기간에 대하여 영드라이버 비용을 내야 한다.

나라별 운전가능 최소 연령과 추가비용

나라	최소연령	하루당 요금	최대금액
독일	21세	26.14유로	239.80유로
오스트리아	19세	7.2유로	제한 없음
스위스	19세	18.95프랑	189프랑
체코	21세	242코루나	7,260코루나
헝가리	21세	12.70유로	63.5유로
폴란드	21세	28,29즈워티	282.9즈워티
크로아티아	21세	12.50유로	37.5유로

허츠렌터카

세계적 권위를 지닌 'J.D 파워 소비자 만족도 조사'에서 2년 연속 '최우수 렌트사'로 선정되었을 만큼 신뢰도가 높은 렌트사다. 우수한 보험, 24시간 한국인 통역이 연결되는 현지의 긴급전화서비스, 단골고객을 위한 골드회원 제도, 상시할인 선불요금 등 다양한 서비스를 제공하여 유럽 여행자 대부분이 허츠렌터카를 이용한다.

허츠코리아
허츠 직영 한국지사로 일반 예약과 함께 기업의 업무용 렌터카, CS센터, 골드회원 관리 등 한국 내 허츠렌터카 업무를 총괄하고 있다. 후불예약을 온/오프라인으로 할 수 있고 추가보험을 뺀 예약도 가능하다. | www.hertz.co.kr   T. 02.6465.0315

여행과지도
허츠렌터카 국내 예약센터로 이용자의 신뢰도가 높으며 여행자들 사이에 가장 많이 알려져 있다. 후불예약과 함께 여행자용 선불할 인요금도 제공하므로 두 가지 요금을 비교해보고 선택할 수 있어 좋다. 보험선택, 할인코드입력 등이 자동화되어 있어 간편하고 빠르게 예약할 수 있는 점도 여행과지도의 장점이다.

| www.leeha.net   T. 02.6925.0065

선불과 후불
렌터카의 일반적인 결제방법은 픽업할 때 카드 승인을 따 놓았다가 반납 후 비용을 정산해 청구하는 후불결제다. 예약단계에서 지불하는 비용이 없으므로 예약 후 변경/취소도 자유롭다.
여러 렌트사의 가격을 비교해주는 브로커사이트들이 예약단계에서 예약금을 요구하는 것에 비하면 훨씬 유리한 조건이다.
허츠렌터카에서는 여행자용 선불요금을 제공한다. 업무 출장이 아닌 여행자의 특성을 고려하여 모든 보험을 기본포함하고 국내에서 원화로 지불완료하고 가도록 구성되어 있어서 차량 픽업이 특히 간단하다. 선불에 따른 할인도 물론 제공된다.

허츠 골드클럽

'Hertz #1 Gold club' 회원은 말하자면 허츠의 'VIP 회원'이다. 예전엔 단골 고객에 한하여 유료로 가입할 수 있었지만 근래 한국 고객들은 처음부터 무료로 가입할 수 있도록 되었다.

가장 좋은 점은 픽업할 때 골드회원 전용 창구를 이용하므로 줄 서서 기다리는 일이 거의 없다는 것이다. 또한 가입시 입력한 고객정보를 토대로 모든 서류작업을 사전 완료했으므로, 카운터 직원과 복잡한 대화를 할 필요가 없이 준비해둔 서류와 키를 받아들고 주차장으로 직행할 수 있어 영어회화가 걱정인 사람에게도 크게 도움이 된다.

캐노피 서비스(주차장 직행)가 제공되는 곳에서는 카운터도 들를 필요 없이 주차장으로 직행하여 키가 꽂혀있는 차를 몰고 그냥 나갈 수 있고 '골드 초이스' 서비스가 제공되는 영업소에서는 마음에 드는 차를 골라서 탈 수 있다.

골드클럽 가입은 허츠 사이트(www.hertz.co.kr)에 접속해서 직접 하면 된다. 회원 가입시 기재하는 개인정보들이 많지만 그것은 어차피 현지에서 차 받을 때 담당자가 입력해야 하는 항목들이므로 국내에서 미리 작성한다고 생각하면 귀찮을 것이 없다. 또 한 번 작성함으로써 차후 렌트시에 언제나 사용할 수 있으므로 한 번을 이용하더라도 가입하는 것이 이익이다.

골드회원은 배우자 추가운전 등록도 무료로 제공된다.

유럽의 캐노피/골드초이스가 제공되는 공항영업소
- 영국 : 런던 히드로, 버밍햄, 에딘버러
- 독일 : 프랑크푸르트, 뮌헨, 스투트가르트

골드회원은 전용 창구와 전용 주차장을 가지고 있다. 차량인도 서류도 미리 작성해서 차에 꽂아두므로 간편하게 픽업할 수 있다.

내비게이션 준비

구글지도 내비게이션

구글지도의 다양한 기능 중 하나가 내비게이션 기능이다. 스마트폰 앱으로 다운받은 구글지도를 내비게이션으로 손색없이 활용할 수 있다. 기능적인 면에서 기계식 내비게이션보다 낫다고 할 수는 없지만 구글지도와 연동해서 검색과 저장, 내비게이션 기능까지 한 번에 이루어지므로 때로 매우 편리하게 이용할 수 있다.

그러나 단점도 지니고 있는데 내비게이션으로 사용하려면 차량 운행 중 데이터를 계속 사용해야 한다는 점이다. 일반 기계식 내비게이션은 물론 스마트폰용 어플로 나오는 내비게이션은 이미 저장되어 있는 지도를 사용하므로 통신 데이터와는 무관하지만, 구글지도를 내비게이션으로 쓰려면 이동 중에 지도데이터를 계속 다운로드 받아야 하기 때문이다.

국내 통신사에서 데이터 무제한 서비스를 받아 다닐 때도 이따금 데이터 수신이 끊겨서 먹통이 되는 때가 있으므로 안심할 수 없고 장거리 운행할 때는 몇 시간 지난 후 내비게이션 기능이 현저히 떨어지는 현상도 나타난다. 또한 구글내비는 과속카메라 정보는 제공하지 않는다.

휴대용 내비게이션

스마트폰이 아닌 기계식 내비게이션은 통신 데이터가 아니라 위성신호를 받아 작동하므로 하늘이 열려 있는 곳이면 어디서나 끊김 없이 사용할 수 있다. 또한 과속카메라 경고와 ZTL 경고 기능도 있으므로 유럽 여행시에 특히 유용하다.

외국에서 가장 많이 쓰이는 기계는 톰톰 내비게이션과 가민 내비게이션이다. 국내 내비게이션과 다름없이 터치스크린 방식으로 작동하며 전체적인 사용법도 한국의 내비게이션과 같다.

구글지도와 내비게이션을 함께 사용하면 장소 검색과 길찾기는 문제없이 해결된다. 내비게이션은 현지에 가서 살 수도 있지만 국내에서 대여해갈 수도 있다.

가민 내비게이션은 메뉴와 안내 멘트가 한국어로 나와서 편하다. 〈여행과지도〉에서 대여해주는 가민 내비게이션에는 과속카메라와 함께 ZTL 경고 기능도 있어서 이탈리아 여행 가는 사람들에게 특히 유용하다.

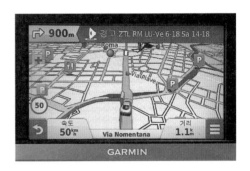

〈여행과지도〉에서는 유럽 전역의 최신지도가 내장된 가민 내비게이션을 대여해준다. 출국 3일 전까지 물품을 받아서 〈여행과지도〉에서 제작한 한글 설명서를 보면서 기계 사용법을 충분히 익히고, 즐겨찾기에 중요한 목적지들을 입력해가면 현지에서 매우 편리하게 사용할 수 있다. 대여료는 기본 7일에 5만5천원이며 기간이 늘어나면 할인율이 적용되어 20일 사용하면 8만5천원, 한 달 사용료는 9만5천원이다.

렌터카에 옵션으로 요청해서 쓸 수도 있는데 요금은 하루당 1~2만원 정도로 비싼 편이며 한국어 선택이 보장되지 않으므로 불편할 수 있다.

ARRIVAL

현지 도착

장시간의 비행 끝에 드디어 도착하는 유럽은 누구에게나 두근두근 가장 설레고 기대되는 순간이다. 입국심사를 받고 짐가방을 찾아서 렌터카를 찾으러 갈 때까지, 렌터카는 문제없이 수령할 수 있을지, 차는 마음에 드는 것이 나올지도 걱정되고 첫 목적지까지 무사히 찾아갈 수 있을지… 여러 가지 생각들이 떠오른다. 장시간의 비행으로 지루하고 피곤했던 기분은 사라지고 마음은 다시 긴장모드로.

그러나 염려할 것 없다. 유럽에서 렌터카 여행하는 것은 제주도 가서 렌터카 여행하는 것과 별로 다르지 않다. 말도 다르고 글도 다르고 오가는 사람들도 다르지만 큰 원리는 똑같다. 제주도 갈 때 걱정하고 긴장할 필요 없는 것처럼 유럽도 긴장할 필요 없다. 설레는 마음만 안고 가면 된다.

렌터카 픽업

픽업할 때 주의해야 할 대화

현지 카운터의 직원이 '업그레이드'를 권하는 경우가 종종 있다. 비용을 조금만 더 내면 더 좋은 차를 탈 수 있다며 여러 차종 사진이 있는 카탈로그를 보여주기도 하고 말로 하기도 하는데 관심이 있다면 그 제안을 귀 기울여 듣고 관심이 없다면 "노 땡큐" 한다.

간혹 무상 업그레이드인줄 알았는데 나중에 돈을 청구했다며 억울해하는 사람도 있지만 유상 업그레이드라면 영수증 상에 'Upgrade charge' 항목으로 비용이 적혀 있고 직원도 하루당 얼마, 총 요금 얼마 추가된다고 설명을 해주고 사인을 받으므로 몰랐다는 컴플레인은 인정되지 않는다.

차 받을 때 카운터 직원과 할 이야기도 별로 없지만, 중요한 대목은 놓치지 말아야 한다.

임차계약서는 중요한 서류다

임차계약서에 사인을 하는 것은 거기 적혀 있는 모든 내용에 대해 동의하고 렌트사와의 계약조건에 동의한다는 뜻이다. 따라서 고객이 사인한 내용에 대해서는 차후 고객 본인을 포함해 누구도 이의를 제기할 수 없다.

해외 렌터카를 쓰고 돌아와 발생하는 클레임이나 불만사례의 대부분은 이 과정에서 생긴다.

"현지 담당자가 머라머라 했는데 영어회화가 서툴러서 잘 못 알아들었다."

"뒤에 사람들도 기다리고 있고 나도 피곤해서 대충 사인해주고 왔다."

이런 컴플레인은 인정되지 않는다.

직원의 말을 잘 이해하지 못했다면 그 부분을 재차 묻고,

말이 너무 빠르다면 천천히 말해 달라 해서 분명히 이해해야 한다.

선불로 예약하고 갔어도 임차계약서에는 Deposit 금액이 적힌다. 이것은 연료가 빈 채로 반납하거나 다른 이유가 있을 수 있으므로 미리 넉넉한 금액을 잡아놓는 것인데, 이 비용은 차가 정상적으로 반납되면 승인 취소로 처리된다.

허츠골드 회원의 경우는 '연료 선구매 옵션 (FPO : Fuel Purchase Option)'이 선택되어 있을 수 있다. 이것은 골드회원 가입할 때 본인이 선택으로 체크해놓았기 때문인데, 해서 나쁠 건 없지만 원치 않는다면 이 부분 빼달라고 하면 빼준다. 그 대신 반납할 때 연료는 반드시 가득 채워야 한다.

추가보험 가입 확인

〈여행과지도〉에서 예약하는 경우는 모든 예약에 추가보험을 기본으로 포함해서 예약해주며 추가보험 빠진 예약은 할 수 없도록 되어 있어 염려할 필요가 없지만 추가보험 불포함으로 예약했다면 현지 영업소에서 차 받을 때 이 부분을 꼭 확인하고 가입하도록 한다. 추가보험을 현지에서 추가하게 되면 총 렌트비의 30% 이상 되는 금액이 추가될 수 있다.

여행예정인 나라들 알려주기

여러 나라를 여행할 예정이라면 카운터 직원에게 반드시 고지하고 보험사항을 확인받아야 한다. 렌트사/차종/시기에 따라 입국이 금지되는 나라들도 있고 추가비용을 내야 할 경우도 있기 때문이다. 이 점은 국내에서 예약할 때 담당자들이 사전에 정보를 충분히 주고 안내하지만 외국의 웹사이트를 통해 개인적으로 예약한 경우에는 정보를 얻지 못해 낭패를 겪는 수도 있다.

부가서비스 선택

현지직원이 권유하는 부가서비스는 잘 판단해서 선택해야 한다.
허츠렌터카의 경우 '연료 선구매 옵션'과 '프리미엄 긴급시원 서비스'가 현지에서 추가할 수 있는 옵션인데 이것은 보험이 아니므로 유용성을 잘 판단해 선택할 필요가 있다.

연료 선구매 옵션 (FPO : Fuel Purchase Option)
연료 선구매 옵션은 과거엔 요청하는 사람에게만 제공했었는데 근래 유럽의 모든 영업소에서 모든 예약고객에게 이 옵션을 기본 선택사항으로 제공하는 경향이 있다. 차를 픽업할 때 연료 한 탱크 비용을 미리 지불하며, 반납할 때 연료를 채우지 않아도 되므로 편리하다. 연료비용도 당일 현지의 시중 주유소 연료비로 계산하므로 비싸지 않다. 그러나 연료가 많이 남은 채 반납해도 환불해주지는 않는다.

프리미엄 긴급지원 서비스 (Premium Emergency Roadside Assistance)
일반적인 사고나 고장의 경우에는 누구나 긴급출동 서비스를 요청할 수 있다. 그러나 사소한 고객부주의(연료고갈 등) 또는 타이어펑크같은 경우에는 출동 비용을 내야 하는데, 이것을 사전에 옵션으로 선택하는 것이다.

조금만 주의하면 이런 출동 서비스를 부를 일은 잘 생기지 않고 만약 필요한 일이 생긴다면 그때 서비스를 부르고 해당 비용을 추가 결제하면 되므로, 미리 유료로 가입해둘 필요는 없겠다.

유리와 타이어 보험 (Glass & Tire)

대부분 렌터카의 보험 약관에는 유리와 타이어는 보험대상에서 제외된다고 되어 있다. 그래서 돌이 튀어 유리에 금이 가거나 깨졌을 때, 타이어가 찢어졌을 때는 고객이 부담해야 한다고 하면서 이 보험을 별도로 가입하라고 권유하는 영업소들 이 있다.

그러나 타이어가 찢어지거나 유리가 금이 가는 일은 흔히 있는 일이 아니며 도둑 이나 사고로 차량 유리가 깨지거나 타이어가 망가질 경우는 기본 가입된 보험으 로 처리되므로 이것도 필수적인 보험이라 할 수는 없다.

예약한 차가 없다고 할 경우

렌터카는 등급으로만 지정되며 구체적인 메이커는 지정할 수 없다. 그리고 같은 등급 안에서도 여러 종류의 메이커들이 있으므로 어떤 차가 나올지는 알 수 없다. 렌터카의 차량 배차 원칙은 대표차종과 비슷한 '사이즈와 모양'이 아니라 대표차 종과 비슷한 '가격대'다. 그래서 벤츠C클라스가 대표차종으로 되어 있는 프리미 엄급을 예약했는데 포드 미니밴이 나오기도 하고 소나타급 수동을 예약했는데 BMW1 시리즈가 나오기도 하는 것처럼 등급 자체가 다른 차를 주는 일도 흔하게 일어난다.

가격차이가 크지 않은 차를 주었다면 렌트사에서는 원칙을 어긴 것은 아니라고 할 수 있지만 사용자의 입장은 다를 수 있다. 가장 큰 문제는 짐가방을 넣을 트렁 크의 크기와 수동/오토의 문제다. 트렁크가 너무 작은 차라면 가방을 실을 수 없 으므로 반드시 교환해야 하고, 수동운전을 할 수 없는 사람에게 수동차를 줄 경우도 반드시 교환해야 한다. 대부분의 경우 교환을 요청한 후 조금 기다리면 원하는 차로 대체를 해주지만 성수기에 차량 여유가 없을 때는 다른 영업소로 가야 할 수 도 있다. 매우 드물기는 하지만 그런 경우도 있고, 그때는 영업소를 이동하는 데 필요한 택시비도 귀국 후 렌트사에 청구할 수 있다 (영수증 보관).

거의 없는 경우이긴 하지만 그 도시 어디에도 차가 없다고 할 경우는 다른 렌트사 에서 애초 예약했던 등급의 차를 빌려 쓰고 그 비용을 애초 예약한 렌트사에서 전 액 물어주는 것도 가능한 일이다. 이 정도까지는 현지 영업소의 매니저 권한으로 처리할 수 있는 일이다.

1 2 마드리드 공항에서 미드사이즈를 예약하고 갔다. 카렌스 정도를 기대했는데 삼빡한 BMW가 기다리고 있었다. 완전 만족 ㅋ. 그러나 트렁크를 열어보니 짐이 많은 우리에겐 무용지물. 카운터로 다시 가서 트렁크가 큰 차로 바꿔달라고 했다.

3 한 시간이나 기다려서 새 차를 받았다. 허츠렌터카 답지 않게 여기저기 잔 기스도 많이 나 있었고 세차 후 물기 도 채 마르지 않은 것으로 보아 응급으로 차를 마련해온 것 같았다. 짐도 다 들어갔고 차도 잘 나갔으므로 만족.

4 밀라노 공항에서 프리미엄 오토를 예약하고 갔다. 벤츠 C클라스나 BMW3 시리즈를 기대했는데 쌩뚱맞게 7인 승 갤럭시 오토가 나왔다. 둘이서 7인승을 뭣에 쓰나 싶었지만 차가 없다고 사정하는 바람에 접수했다.

1 2
3 4

주차장으로 가서

차 상태와 조작방법 확인

서류작성이 끝나면 차 키와 임차영수증을 주면서 차가 주차되어 있는 곳의 위치를 알려준다.(몇 층 몇 번 자리에 있다고 볼펜으로 적어준다) 메이저 렌트사에서는 대부분 새 차와 다름없이 깨끗한 차를 내 주며 작은 흠집 같은 것이라도 있으면 차 인도서류에 그 부분을 표시해서 알려주도록 되어 있다. 나중 반납할 때 억울한 일을 겪지 않으려면 서류에 표시된 차의 상태와 실제 차의 상태에 차이가 있는지 확인해봐야 한다. 그러나 완전면책 자차보험(슈퍼커버)을 들었으면 이런 것은 신경 쓰지 않아도 된다. 슈퍼커버 보험 가입된 차는 반납할 때도 대부분 차 외관을 살펴보지 않는다.

전조등 스위치, 와이퍼, 주유구의 개폐, 트렁크 개폐, 거울의 각도 조절, 좌석과 등받이 조절 등 새 차의 여러 장치들을 자세히 살펴본다. 유럽 차의 경우 전조등 스위치가 핸들이 아니라 대시보드 왼쪽에 따로 붙어있는 경우가 많으며 주유구 개폐 스위치가 없는 차도 많다. 주유구 개폐 스위치가 없는 차는 주유구 뚜껑을 손으로 눌러서 열도록 되어 있다.

요즘 많이 나오는 'Eco' 기능은 주행하다 차가 멈춰서면 저절로 시동이 꺼짐으로써 연료를 절약하는 기능이다. 이것을 모르고 차를 운전하다가 갑자기 시동이 꺼지면 당황하게 된다. 운전석의 등받이도 운전하기 편하도록 조절하고 여러 가지 장치를 만지고 확인해보는 데에도 적지 않게 시간이 걸린다.

그러나 차를 받았으니 급할 것 없다. 주차비가 계산되는 것도 아니고 차를 몰고 주차장을 떠나면 물어볼 사람도 없으므로 주차장을 떠나기 전에 차의 사용법을 충분히 살펴보고 조금이라도 의문 나는 것이 있으면 근처에 있는 직원을 불러 물어본다.

차를 받아서 조금이라도 미심쩍은 것이 있으면 근처에 있는 직원을 불러 도움을 청하면 된다.

그런 일은 거의 없지만 연료량도 살펴보아 연료가 임차계약서에 기재된 것과 다르게 채워져 있다면 그것도 직원을 불러 확인시킨다.

만약 예약했던 등급과 다른 차가 나온 것 같거나 마음에 들지 않는다면 근처에 있는 직원을 찾아서 확인시키고 교체를 요구한다. 근처에 직원이나 사무실이 없다면 영업소 카운터로 다시 가서 이 사실을 이야기한다. 차를 가지고 일단 주차장을 떠나면 그 다음엔 차를 바꾸는 일이 훨씬 복잡해지므로 조금이라도 미심쩍은 것은 주차장을 떠나기 전 현장에서 완료해야 한다.

내비게이션 위성신호 받기

구글맵이나 차량 내에 장착된 내비게이션은 문제없지만 한국에서 휴대용 내비게이션을 가지고 갔다면 유럽 현지에 도착하여 최초 위성신호를 받은 다음 움직여야 한다. 최초 위성신호를 받는 것이 길면 10분 이상 걸릴 때도 있으므로, 주차장에 도착하면 우선 스위치를 켜서 위성신호를 받도록 한다. 위성신호는 하늘이 훤히 보이는 곳으로 기계를 가져가서 기다려야 하며 실내나 지하주차장에서는 아무리 기다려도 완료되지 않는다.

도착 첫날의 스케줄

시차적응

인천공항에서 떠난 직항편 항공기는 대부분 열두 시간 정도 비행하면 유럽 현지 공항에 도착한다. 한국과 유럽의 시차는 7~9시간 나므로 한국에서 낮~오후에 출발한 비행기는 현지 시각으로 오후~저녁에 도착한다.

비행기에서 잘 자는 사람도 있지만, 대부분은 자려고 노력하며 뒤척이거나 자는 척할 뿐이다. 비행기 기내는 기압이 낮고(해발 2500m정도 높이에 해당하는 기압) 엔진소리가 시끄러워 숙면을 취하기가 어렵다. 열세 시간 동안 꼼짝 못하고 앉아 있다가 비행기에서 내리면 아무리 체력이 좋은 사람도 밀려오는 피로를 감당하기 어렵다. 그래서 도착 첫 날은 별다른 스케줄 없이 차 받고 숙소 들어가서 짐 정리하는 것까지만 하고 일찍 자는 것이 좋다.

시차적응을 빠르게 하는 방법 중에 '배꼽시계 맞추기'가 있다. 도착한 순간부터 현지 시각에 맞춰 밥을 먹어주는 것이다. 한국에서 떠난 비행기는 현지에 도착하기 한 시간 전쯤 밥을 준다. 그렇지만 숙소로 들어가면 다시 또 저녁시간이 된다. 이때 별로 시장하지 않더라도 거기 시간에 맞춰 저녁밥을 한 번 더 먹는다. 다음날도 거기 일과시간에 맞춰 아침부터 밥 먹고…. 하는 것을 철저하게 지키면 시차적응이 훨씬 빨라진다. 아무리 졸립고 피곤해도 낮잠은 자지 말아야 한다. 하루만 힘든 것을 참고 견디면 시차적응은 바로 된다.

마트에서 쇼핑

도착 첫 날부터 관광을 시작하는 것은 힘들다. 일정이 매우 짧아 하루하루가 소중하다고 하면 어쩔 수 없지만 첫날부터 강행군을 하게 되면 며칠 가지 않아 피로 누적으로 몸살이 날 수 있다. 도착 첫 날은 가까운 마트로 가서 앞으로의 여행에 필요한 물품을 구입하며 시간을 보내는 것도 좋다. 유럽의 마트 구경도 아주 재미있다.

유럽의 도시마다 대형 슈퍼마켓이 여러 군데 있다. 내비게이션의 '업종별 검색' 메뉴에서도 가까운 마트를 찾을 수 있고 구글지도를 열어놓고서 슈퍼마켓 체인 이름을 치면 그 일대의 슈퍼마켓이 지도에 표시된다. 프랑스에서는 carrefour, 독일에서는 'ALDI' 나 'LiDL' 'REAL' 같은 체인이 유명하다.

캠핑용품은 데카트론 매장이 제일 크고 유명하다. 한국어 홈페이지도 있다. (https://www.decathlon.co.kr)

1 2
3 4

1 2 독일의 슈퍼체인 ALDI. 여러 가지 종류의 쌀도 판다.
3 4 아웃도어 전문매장인 데카트론. 유럽 어지간한 도시마다 매장이 있고 야영장비 일체를 저렴하게 살 수 있다.

짐가방을 풀어서 쓰기 좋게 분류
하고 정리하는 것도 여행 첫날 해
야 하는 일이다.

짐 정리

슈퍼마켓에서 이런저런 물품을 구입해오면 그것도 한 짐이고 한국에서 압축해 꾸
려온 짐 가방도 풀어헤쳐놓으면 방 안 가득이다. 한국에서 가방을 쌀 때는 최대한
압축해서 보안검색대를 통과해 운반하는 것이 목적이었으나 현지에 도착한 다음
에는 사정이 다르다. 먹는 것, 입는 것, 기타 용도별로 물품을 분류하고 그것을 차의
트렁크와 여러 개의 가방에 나눠담는 것도 시간이 많이 걸리고 요령이 필요하다.
가장 신경 써야 할 것이 식생활과 관계된 물품들이다. 하루 세 번 빠짐없이 밥을
먹어야 하고 밥 먹을 때마다 필요한 물품의 종류가 상당히 많아서 여기저기 흩어
져 있으면 그 때마다 그것을 챙기는 것도 무척 번거롭다. 냄새나는 반찬들을 한데
모아 플라스틱 통에 담아두면 숙소에서나 야외에서나 간편하게 들고 다니며 식사
준비를 할 수 있다.
매번 먹을 물을 사러 다니는 것도 여행 다니면서는 무척 번거로운 일이므로 휴대
용 정수기도 가지고 다니는 것이 좋다. 트렁크 공간을 잘 활용하여 가지고 간 짐
을 요령 있게 정리해두는 일도 여행 첫날 꼭 해야 하는 일이다.

렌터카 반납

렌터카의 반납은 매우 간단하다. 특히 슈퍼커버 보험에 가입된 차는 차의 외관은 살펴보지도 않고 연료게이지와 주행거리만 체크하고는 '오라잇' 하는 경우가 대부분이다. 직원이 오라잇 해도 그냥 오지 말고 반납 영수증(Receit)을 달라고 해서 챙겨오는 것이 좋다.

짐을 내릴 때는 차에 두고 내리는 물건이 없는지 구석구석 다시 살펴본다. 차에 중요한 물건을 두고 내리는 사람들이 의외로 많은데, 한 번 두고 내린 물건을 다시 찾기는 매우 어렵다. 차가 반납되면 그 차는 곧장 세차/정비장으로 이동하게 되고 거기서 여러 사람의 손을 거쳐 다시 출고장으로 이동하게 되므로 이 과정에서 차에 두고 내린 물건은 없어지게 마련이다. 렌트사에서는 고객이 두고 내린 물건에 대한 책임이 없으므로 귀국 후 현지에 전화를 걸어보아도 신통한 대답을 듣기는 어렵다. 요행히 물건을 보관하고 있다 해도 그것을 국제우편으로 보내달라고 할 수는 없으며 누군가가 찾으러 가야 한다.

일부 영업소에서는 영업시간 이외에 무인반납도 가능하다. 슈퍼커버 가입된 차는 어차피 차의 외관은 살펴보지 않으므로 연료량만 체크하면 되기 때문이다. 임차영

영업소마다 다양한 형태의 키박스가 있다.

수증과 함께 받는 '대여약관' 소책자의 뒷 페이지에는 무인반납시 적도록 되어 있는 칸이 있다. 여기에 주행거리, 연료량, 반납시각을 적은 다음 차 키와 함께 지정된 키박스에 집어넣는다. 무인반납은 모든 영업소에서 가능한 것이 아니고 아무 때나 임의로 할 수 있는 것도 아니므로 예약할 때 사전에 약속이 되어 있어야 한다.

간혹은 해당 렌트사 지정 주차구역이 아닌 곳에 차를 두고 오는 사람도 있는데 그러면 렌트사 직원이 그 차를 찾아낼 때까지 '미반납'으로 처리되므로 추가요금을 많이 내야 한다.

임차계약서 봉투 뒷면에는 주행거리, 연료량 등을 적는 칸이 있다. 여기 빈 칸을 기재하고 키와 함께 키박스에 넣으면 된다. 연료량 확인을 어떻게 하느냐는 의문이 들지만, 그건 그냥 신용거래다. 연료를 채워 반납했는데 모자란다고 청구하는 일은 없다.

연료 체크하기

반납장소로 갈 때 명심해야 할 일은 '연료 채우기'다.

렌터카는 풀 상태로 받고 풀 상태로 반납하는 것이 기본이다. 국내 렌터카는 연료가 모자라면 모자란 만큼의 연료비만 실비로 계산해서 받지만 유럽은 모자란 연료비에 서비스료, 부가세 등등을 얹어서 과다하게 청구한다.

렌터카를 받을 때 함께 받은 임차계약서에는 출고당시의 연료상태, 연료가 모자란 채 반납할 경우 청구하게 될 리터당 연료비가 적혀 있다. 이것을 보면 리터당 연료비는 시중 가격의 두 배 이상인 경우가 보통이다. 따라서 연료는 출고상태 그대로 채워 반납하는 것이 경제적이다.

숙소에서 출발해 처음 만나는 주유소에서 연료를 깔딱깔딱할 때까지 채우면, 공항이든 역이든 반납장소까지 가는 동안에도 연료 게이지는 'Full' 상태로 남아 있게 된다. 중앙역이나 공항 근처에는 주유소 찾기 어려운 경우가 대부분이므로 연료는 반드시 시내에서 넣고 출발하는 것이 좋다.

차 받을 때 연료 선구매 옵션(FPO)을 선택했다면 물론 연료를 채울 필요가 없다.

반납장소 찾아가기

렌터카 반납 주차장은 예약확인서 또는 차 받을 때 받은 임차계약서에 적혀있는 주소를 내비게이션에 입력하고 가면 된다. 시내 영업점의 경우는 주소 그대로 찾아가면 되고 공항영업소의 경우는 공항 구역으로 진입한 다음 안내판에 써있는 'Rental car' 화살표를 따라가면 된다. 렌터카 주차장은 픽업과 반납 모두 한 장소에서 하며 공항이나 중앙역 같은 곳은 여러 렌트사가 하나의 주차장을 사용하므로 규모도 크고 찾아가기도 쉽다. 공항을 한 바퀴 돌아도 '렌터카' 안내판을 보지 못했다면 인터체인지를 돌아서 다시 한 번 공항구역으로 진입하며 살펴보면 보인다. 렌터카 안내판이 없는 공항은 없다.

역에 반납할 때는 대부분 역 지하나 건물 옆에 별도로 마련돼 있는 주차장으로 가면 된다. 주차장으로 들어가면 렌트사별 주차구역이 안내되어 있고 그 곳에 차를 두면 된다. 사무실은 주차장 내 또는 지상의 역 대합실에 있다.

반납영업소 주소를 구글지도에 넣고 검색하면 스트리트뷰로 볼 수 있으므로 주차장 입구 같은 것을 확인하고 가는 것도 좋다. 잘 모르겠으면 영업소에 전화 걸어서 물어보면 담당자가 알려준다.

공항으로 진입하면 이정표에는 'Rental Car Return'이 계속 써있
다. 이대로 따라가면 렌터카 반납 주차장이 나오고, 해당 렌터카
주차장으로 가면 직원이 대기하고 있다.

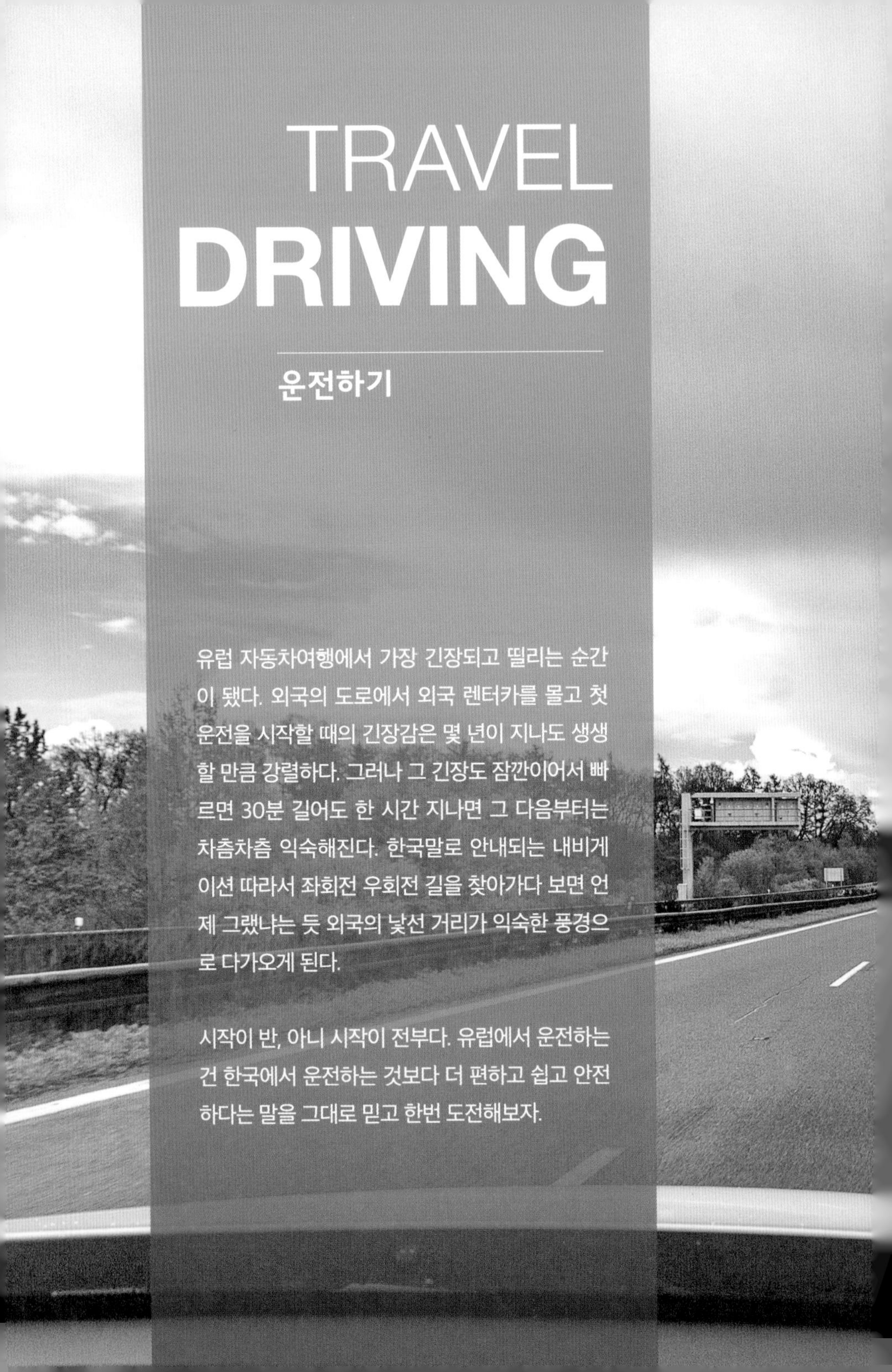

TRAVEL
DRIVING

운전하기

유럽 자동차여행에서 가장 긴장되고 떨리는 순간
이 됐다. 외국의 도로에서 외국 렌터카를 몰고 첫
운전을 시작할 때의 긴장감은 몇 년이 지나도 생생
할 만큼 강렬하다. 그러나 그 긴장도 잠깐이어서 빠
르면 30분 길어도 한 시간 지나면 그 다음부터는
차츰차츰 익숙해진다. 한국말로 안내되는 내비게
이션 따라서 좌회전 우회전 길을 찾아가다 보면 언
제 그랬냐는 듯 외국의 낯선 거리가 익숙한 풍경으
로 다가오게 된다.

시작이 반, 아니 시작이 전부다. 유럽에서 운전하는
건 한국에서 운전하는 것보다 더 편하고 쉽고 안전
하다는 말을 그대로 믿고 한번 도전해보자.

동유럽의 고속도로

동유럽의 고속도로는 한국이나 서유럽국가들에 비하면 부족한 편이다. 노선이 많지 않고 대도시 인근에서는 정체현상이 나타나기도 한다. 오래된 고속도로는 도로의 품질도 떨어지고 녹슬고 정비되지 않은 모습도 자주 보인다. 그러나 새로 만들어진 고속도로는 한국의 고속도로에 비해 손색이 없고 길도 매우 한적해서 운전하기가 편하다. 동유럽사람들도 교통규칙만큼은 철저하게 지키므로 도로사정이 어떻든 운전하기는 편하다.

독일-체코-오스트리아로 이어지는 주요 관광루트를 따라서는 고속도로가 잘 되어 있고 크로아티아도 근래 개통된 고속도로가 잘 되어 있다. 제한속도는 대부분 110~130km 정도인데, 과속하기도 어렵지만 과속하는 사람도 별로 없다.

체코와 헝가리, 슬로베니아는 통행기간에 따라 여러 종류의 통행권(비넷)이 있고 고속도로를 통행하려면 이것을 구입하여야 한다. 통행권은 국경 근처 휴게소 매점에서 판다.

고속도로 표지판

지금은 내비게이션을 가지고 다니므로 고속도로에서도 이정표를 잘 보지 않게 되지만 고속도로 이정표에는 중요한 정보들이 있으므로 기본적인 사항은 알고 다니는 것이 좋다.

유럽 대부분 국가에서 고속도로 표지판은 청색바탕에 흰글씨인데, 스위스는 한국처럼 녹색바탕에 흰글씨다. 시내에서 고속도로 입구를 찾아갈 때도 이런 색상으로 된 안내판이나 이정표를 찾으면 고속도로 방향을 쉽게 알 수 있다.

고속도로 표지판에 쓰이는 문자는 나라마다 다르지만 부호는 똑같다. 어느 나라든

1 체코 고속도로. 체코 국경으로 들어서면 기본적인 교통안내판이 서 있다.
2 크로아티아는 근래에 개통된 고속도로 노선이 많고 길도 아주 한적하다.
3 크로아티아 고속도로 톨게이트. 직진하면 현금차로, 오른쪽은 카드 전용차로다.

1 2
3

스위스의 고속도로 안내판. 위에 있는 번호들이 앞으로 연결되는 고속도로 번호들, 그 아래 있는 지명들이 앞으로 나오는 도시들이다. 가까운 도시가 아래쪽에, 멀리 있는 도시가 위에 적혀 있다.
왼쪽차선으로 가다보면 스위스의 국경도시 바젤을 지나서 독일의 칼스루에까지 가게 되고, 오른쪽 차선으로 가다 보면 프랑스쪽으로 가게 된다는 뜻이다. 제한속도는 100km.

지 'P' 자는 주차장(휴게소) 표시이고, 주유기 모양이 있으면 주유소와 매점이 있는 휴게소란 뜻이다. 거기에 포크와 나이프 표시까지 있으면 레스토랑도 있는 풀사이즈(?) 휴게소란 뜻이다.

굵은 본선에서 갈라져 나가는 화살표가 있으면 출구라는 뜻이고 굵은 본선으로 들어가는 화살표가 있으면 입구라는 뜻이다. 그 아래 숫자는 앞으로 남은 거리를 말하며 출구 표시 위에 있는 원 안의 숫자는 출구(인터체인지) 번호다. 지도에서도 고속도로 선 위에는 이런 인터체인지 번호가 다 나와 있다. 그 밖에 제한속도 표지나 이정표 표지 같은 것도 한국과 거의 같아서 처음엔 낯설어 보이는 표지판도 한두 시간 운전하고 나면 쉽게 눈에 들어온다.

1 2
3

1 독일 고속도로 휴게소
2 크로아티아 고속도로 휴게소
3 독일 고속도로의 파킹장. 화장실 하나 외에는 아무것도 없다.

휴게소/파킹장

유럽의 고속도로 휴게소는 매우 넓고 한적하다. 주유소와 상점, 식당과 화장실 건물이 있고 군데군데 식탁이 있어서 점심 먹으며 쉬어가기도 좋다. 동유럽의 어떤 휴게소에서는 차 유리를 닦아주는 척 하면서 돈을 요구하는 사람도 있으나 그런 사람은 무시해도 된다.

휴게소는 치안이 비교적 안전한 곳이지만 도둑은 언제 어디서나 만날 수 있으므로 차에서 떠나 잠깐 화장실을 갈 때에도 차 문은 반드시 잠그고 다녀야 한다.

정규 휴게소 외에 작은 규모의 'PARKING' 장이 또 있다. 주유소나 상점도 없이 말 그대로 잠깐 주차하고 쉬어 가는 곳이다. 상점은 없지만 화장실도 있고 수돗물도 나오고 식탁도 있으므로 점심시간에는 이런 곳에 차를 대 놓고 밥 먹고 쉬어갈 수도 있다. 그렇지만 밤에는 들어가지 말아야 한다. 밤에는 이런 파킹장으로 들어가는 사람이 아무도 없어서 들어가고 싶어도 무서워서 들어가기 어렵다.

고속도로 통행료

동유럽 대부분의 국가들은 고속도로를 이용하려면 통행권(비넷 Vignette)을 사서 차 앞유리에 붙이고 다녀야 한다. 통행권이 붙어있지 않은 차는 휴게소 주차장에서 단속반에 걸리기도 하고 사진으로 찍혀서 벌금을 물린다고도 하므로 반드시 구입해 붙이고 다녀야 한다. 통행권은 국경 근처 휴게소나 주유소의 상점에서 판다. 국경 넘어가기 전에도 팔고 넘어가서도 판다. 눈에 띄면 바로 들어가서 사는 게 좋다.

독일은 고속도로가 무료이며 폴란드와 크로아티아는 한국처럼 톨게이트에서 돈을 내는 방식이다.

유럽 통행료

나라	최소기간	요금
스위스	1년	38.5유로
체코	10일	12.5유로
헝가리	1주일	11.5유로
슬로베니아	1주일	15유로
슬로바키아	10일	10유로
오스트리아	10일	9.5유로
루마니아	1주일	3유로
불가리아	1주일	8.13유로

1
2 3
4 5

1 비넷은 국경 가까운 휴게소 매점에 가면 판다.
독일쪽 휴게소에서도 체코 비넷을 판다.
23 구입한 비넷은 밖에서 보이도록 안에서 붙인다.
45 오스트리아 비넷도 껍질을 벗겨서 나란히 붙인다.

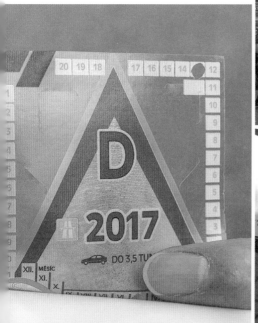

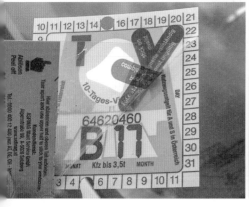

고속도로 운전

추월은 반드시 왼쪽으로

고속도로나 4차선 국도길에서 앞차를 추월할 때는 '반드시' 앞차의 왼쪽으로 추월해야 한다.

이것은 유럽에서 매우 중요한 규칙이며 모든 사람이 지킨다. 위반하는 차는 벌금을 물 수도 있다. 따라서 앞차의 오른쪽으로 추월해 가는 차, 지그재그로 차 사이를 운전해 가는 차는 단 한 대도 볼 수 없다. 모두가 이렇게 한다고 믿고 있기 때문에 유럽 사람들은 오른쪽으로 차선을 바꿀 때 오른쪽 거울은 쳐다보지도 않고 그냥 들어가기도 한다.

이렇게 가고 있을 때, 그대로 직진해서 왼쪽 차보다 앞으로 나아가면 안 된다. 저 앞에 가는 차를 추월하려면, 왼쪽에 가는 갈색 차의 뒤로 붙어서, 반드시 추월차선을 통해 추월해야 한다. 그리고 추월이 끝났으면 즉시 주행차선으로 돌아와야 한다.

추월차선은 추월할 때만 들어가는 것이므로 텅 비어 있을 때가 많다. 유럽에선 오토바이도 고속도로를 달린다.

추월 후엔 즉시 주행차선으로

추월차로(1차로)는 추월할 때만 사용하는 게 원칙이다. 추월이 끝났으면 즉시 주행차선으로 돌아와야 하며 계속 추월차선에 머물러 있는 것도 규칙 위반이다. 저 멀리 천천히 가는 차 한 대가 또 있다면? 그 때도 일단 주행차선으로 들어와서 그 차 꽁무니까지 따라간 다음 얼른 추월해서 다시 주행선으로 돌아와야 한다.

유럽에선 모두가 다 그렇게 운전을 한다. 그래서 유럽의 추월차선은 텅 비어있을 때가 많고, 모든 차들이 주행선과 추월선을 계속 들락거리면서 운전을 한다. 이렇게 차선을 계속 왔다갔다 하는 것이 귀찮게 생각될 수도 있지만, 실제로 해보면 이렇게 운전하는 것이 지루하지도 않고 졸음운전의 위험도 적어져서 좋다. 또 모두가 그렇게 운전하므로 유럽의 고속도로는 운전하기가 무척 편하고 길도 매우 빠르다. 고속도로에서는 언제나 제일 바깥쪽 차로가 주행차로다.

제한속도

제한 최고 속도는 대부분 국가에서 시속 130km다. EU국가들 사이는 고속도로를 타고 국경을 넘어갈 때 그 나라의 교통 관련 기본 정보가 안내판으로 안내되므로 자세히 볼 필요가 있다.

과속카메라는 나라, 지역별로 다르지만 한국보다는 적게 있다. 내비게이션에서 과속카메라 단속 정보도 알려주지만 100% 정확한 것은 아니므로 제한속도를 넘기지 않도록 주의해야 한다.

평균 130km라면 서울~부산을 3시간 정도에 갈 수 있는 속도이므로 한국에 비하면 무척 빠른 편이다. 유럽의 고속도로는 대부분 한적하고 속도가 빠르므로 굳이 과속하며 서두르지 않아도 된다.

독일의 속도무제한 구간 주의

유럽 대부분 국가의 고속도로는 제한속도 자체가 매우 높다. 특히 독일 아우토반의 속도무제한 구간에서는 200km가 넘는 속도로 질주하는 차들을 흔히 볼 수 있다.

추월차선으로 들어가기 전, 거울로 뒤를 보아 불을 환하게 켜고 추월차선을 달려오는 차가 보인다면 들어가지 말아야 한다. 멀리에서부터 추월차선으로 달려오는 차는 십중팔구 시속 200km 이상(초속 55m 이상)의 고속으로 질주하는 차다.

거울로 차체가 보일 정도의 위치라면 그 차가 내가 있는 곳까지 오는 데는 불과 4~5초 밖에 걸리지 않는다. 깜빡이 넣고 슬슬 차선을 바꾸는 사이 어느 틈에 내 뒤에 바짝 붙어 브레이크를 밟을 것이다. 저도 눈이 있으므로 들이받는 일은 없겠지만, 아무튼 그렇게 고속주행하는 차 앞으로 생각 없이 들어가는 것은 상당히 위험한 일이다. 그리고 간혹은 이런 상황에서 대형사고도 난다고 한다.

몇 초만 기다리면 된다. 몇 초만 기다리면 그 차는 순식간에 내 차를 스치고 멀리 사라져간다. 추월은 그때 해도 충분하다. 유럽, 특히 독일의 고속도로에는 한국에서는 한 번도 보지 못한, 빛과 같은 속도로 달리는 차들이 적지 않다.

시내 운전

유럽사람들의 운전습관

아래 표는 유럽사람들의 일반적인 운전습관이다. 유럽에선 누구나 이렇게 하고 누구나 이렇게 할 것이라고 믿는다. 그래서 우리도 이렇게 해야 한다. 만약 이렇게 하지 않고 한국에서 하던 식으로 운전을 한다면 유럽사람들에겐 '돌발상황', '이상하게 운전하는 사람'이 되고 그 때문에 욕을 먹거나 사고가 날 수도 있다. 유럽사람들의 운전하는 방식은 지금까지 알려진 가장 안전하고 합리적인 방식이며 모두가 실천한다. 우리도 이렇게 운전하는 한에는 사고 걱정 없이 안전하고 즐겁게 여행할수 있다.

상황	유럽사람들의 상식적인 행동
앞에 가던 차가 깜빡이를 넣으면	가속페달에서 발을 떼어 공간을 만들어준다.
깜빡이를 넣고도 망설이고 있으면	들어올 수 있는 공간을 더 만들어준다.
신호가 왔는데도 움직이지 않으면	2~3초 정도까지는 조용히 기다린다.
교차로의 정지선	오토바이들도 100% 정확하게 지킨다. 유럽은 정지선을 넘어가면 신호등이 보이지 않도록 돼 있다.
신호대기줄에서 새치기를 하면	절대 비켜주지 않으며 손가락질도 한다.
주차장에서 후진해 나오는 차를 보면	멀찌감치 서서 기다려준다.
횡단보도 앞에 서 있는 사람을 보면	무조건 멈춰 선다. 보행자는 절대적 우선권이 있다.

로터리

유럽의 교차로는 신호등보다 로터리(유럽식 영어로는 Round about)로 되어 있는 데가 더 많고 여기에는 신호등과 마찬가지로 반드시 지켜야 하는 교통규칙이 있다. 신호를 위반하면 벌금을 물고 사고가 날 수 있듯이 로터리 통행규칙도 똑같이 지켜야 한다. 로터리에서의 절대적인 우선순위는 '먼저 들어선 차'에게 있다. 만약 정면에서 나와 거의 똑같은 타이밍에 로터리로 진입하는 차가 있다면 그 때는 서로 똑같이 진입해서 각자 제 갈 길을 가면 된다. 그러나 이미 로터리로 진입해서 내 쪽으로 진행해오는 차가 보일 때는 '절대로' 들어가면 안 된다. 9시 방향쯤에서 차가 오고 있다면 100% 멈춰서 기다려야 하고, 11시 방향쯤에서 로터리를 돌아오는 차가 보일 때도 멈춰서 기다리는 게 맞다. 만약 그 차 뒤로 꼬리에 꼬리를 물고 계속 차들이 온다면? 당연히 기다려야 한다. 그 행렬이 다 끝날 때까지.

그렇지만 염려할 건 없다. 그래봐야 몇 초다. 차 두 대 세 대가 연속해서 지나간다 해도 몇 초에 불과하고, 그 다음엔 내 차례가 온다. 만약 몇 분씩 기다려야 할 정도로 차들의 왕래가 많은 교차로라면 거기엔 신호등이 있게 마련이므로 신호등 없이 로터리로 되어 있는 지점에서 그렇게 오래 기다려야 할 일은 거의 없다.

만약 로터리에 진입하다가 달려오던 차에 받힌다면 전적으로 받힌 차(끼어든 차)의 잘못이다. 그래서 유럽사람들은 로터리로 진입한 다음에는 '내가 알게 뭐냐'는 식으로 마구 달린다. "일단 머리부터 집어넣고?" 유럽에선 큰일 날 소리, 절대로 안 될 행동이다.

우선순위

교차하는 모든 도로에는 반드시 우선순위가 있고 길모퉁이에는 우선순위에 대한 표지판이 있다. 가장 큰 원칙은 '큰 길을 달리는 차 우선'이다. 애매하거나 착각하기 쉬운 곳에는 '양보' 표지판이 서 있으므로 그대로 따르면 된다.

'일단 머리부터 집어넣기'식 운전은 사고의 위험이 크다. 큰 길을 달리는 차들은 작은 골목에서 나오는 차들이 결코 나오지 않으리라고 믿으므로 골목에서 나오는 차에 신경 쓰지 않고 마구 달리기 때문이다.

유럽의 교차로에는 신호등이 없다

유럽의 교차로에는 신호등이 없다. 있긴 있는데 한국처럼 길 가운데에 있지 않고 도로변 인도 위 기둥에 붙어있어서 처음 보면 없는 것처럼 보인다. 이런 정보가 없이 유럽에 간 사람들은 그래서 처음에 무척 당황하기도 한다.

그리고 그 기둥의 위치도 정지선 앞쪽에 있으므로 정지선을 넘어가서 차를 멈추면 신호등을 볼 수가 없다. 정지선을 지키지 않을 수가 없는 구조다. 한국의 택시들이 습관적으로 하는 것처럼 정지선을 슬쩍 넘어가서 차를 멈추게 되면 신호등이 보이지 않고 신호가 바뀌어도 모르고 있다가 뒤차가 빵빵대면 움직이는 멍청이 노릇을 하게 된다.

금지되지 않은 것은 자유다

한국의 교통규칙은 하라는 것만 할 수 있는 구조다. 그러나 유럽에선 반대다. 금지하는 것 외엔 모두 할 수 있다. 그렇다면 좌회전, 유턴 금지 표시가 없는 교차로에서는 직진 신호에 좌회전 유턴을 해도 될까? 된다. 금지되지 않은 것은 자유다.

주차금지 표지가 없다면? 주차해도 된다. 정차금지 표지가 없다면? 정차해도 된다. 그러나 주차금지 표지가 있다면 주차하면 안 되고, 주정차 금지(X표) 표지가 있다면

1   파리 시내의 꽤 큰 사거리에도 길 가운데에는 신호등이 없다. 유럽의 거의 모든 도로에서 신호등은 횡단보도 기둥에만 있다. 지금은 빨간불이 켜 있으므로 절대로 앞으로 나가선 안 된다.

2   간혹은 길 가운데에 신호등이 하나 더 있기도 하지만 대부분 신호등은 횡단보도 기둥에만 붙어있다. 좌회전, 유턴에 대한 표시가 따로 없으면 비보호 좌회전, 유턴이 된다. 정지선을 넘어가면 신호등이 보이지 않으므로 정지선을 넘어가지 않도록 주의해야 한다.

1   2

1   직진 신호등에서 모든 차들이 좌회전한다. 유럽에는 좌회전 표시가 따로 없는 곳이 대부분C

2   유턴과 우회전 금지 규제판이 있으면 그대로 따른다. 금지표시가 없다면 해도 된다.

'No Stopping' 잠깐이라도 차를 멈춰서는 안 된다. 하지 말라는 것만 하지 않으면 된다. 정말 심플하다.

결론적으로 말해 유럽에선 비보호 좌회전, 비보호 유턴이 기본이다. 물론 좌회전 유턴 표시가 별도로 있다면 그것을 따라야 하고.

우회전 신호등도 중요하다

한국에선 우회전 신호등 없는 곳이 대부분이고 우회전은 아무 때나 되는 것으로 생각한다. 정면에서 좌회전 신호를 받고 진행해오는 차들의 행렬 틈으로도 마구 끼어들어가고, 횡단보도에 길 건너는 사람들이 있어도 그 사이를 헤집고 대충 지나간다. 일반인은 물론이고 경찰들도 그렇게 운전하므로 우회전에 대한 개념 자체가 없는 것 같다.

그러나 유럽에서 이렇게 운전하다가는 걸린다. 전방에서 좌회전 신호를 받고 진행해 오는 차가 있다면 그 차가 지나갈 때까지 무조건 기다려야 하고, 횡단보도에 사람들이 있을 때 그 사람들 사이를 헤치듯이 지나가는 것도 안 된다. 우회전 신호등

우회전 금지다.

이 있다면 '반드시' 지켜야 하며 이를 어기면 경찰이 따라와서 '신호위반' 벌금을 무겁게 매긴다. 신호등도 없고 길 건너가는 사람도 없다면? 그땐 아무 걱정 없이 적당히 우회전해서 가면 된다.

작은 골목 입구

앞에 신호 대기 행렬이 있고 오른쪽에 작은 골목길이 있다면? 그리고 그 작은 교차로에 정지선이 그려져 있다면, 정지선에 멈춰 서서 골목길로 들어가는 차나 골목길에서 나오는 차를 방해하지 말아야 한다.

이쪽 저쪽에 차들이 길게 늘어서 있는 상황이라면? 큰 길에 우선권이 있다면 작은 골목에서 끼어드는 사람은 없을 테니 조바심 낼 필요 없고, 그런 게 아니라면 이쪽 저쪽에서 차 한 대씩 합류해서 진행하면 될 테니 역시 조바심 낼 필요 없다. 유럽의 도로는 한국처럼 그렇게 빡빡하고 살벌하지가 않다.

독일 작은 마을에 차들이 밀려 서 있다. 언제나 어떤 상황에서나 골목길 입구는 비워 두어야 하고, 도로엔 당연히 정지선도 그어져 있다. 유럽에선 모두가 골목길 입구 정지선을 정확히 지킨다.

보행자는 움직이는 신호등

사람과 차가 만났을 때는 사람에게 절대적인 우선권이 있다. 유럽에는 사람과 차가 섞여 다니는 길도 거의 없지만 캠핑장 내의 도로처럼 인도와 차도 구분이 없는 곳이라면 차는 사람들이 걷는 속도에 맞춰 천천히 따라가야 한다. 인파 사이를 헤집고 속도를 내어 달리거나 걸어가는 사람 뒤에서 비키라고 경적을 울리는 것은 상상도 할 수 없는 일이다.

횡단보도 앞에 사람이 서 있다면 일단 멈춰 선 다음 그 사람이 길을 건널 생각이 없다는 게 확인될 때까지 기다려야 한다. 횡단보도를 건너가는 사람이 있을 때는 그 사람이 길을 거의 다 건너갈 때까지 기다렸다가 차를 움직여야 한다. 길 건너가는 사람을 향해서 슬금슬금 차를 움직여간다거나, 횡단보도에 바짝 다가와서 차를 멈추거나, 보행자가 지나자마자 그 사람 뒤를 스치듯이 출발하거나… 이런 건 모두 교통위반이고 아무도 그러지 않는다. 근처에 경찰이 있다면 보행자 보호의무 위반으로 벌금을 물리는 것은 물론이다.

길 건너가려는 사람이 보이면 차는 100% 멈춰 서서 그 사람이 다 건너갈 때까지 기다려야 한다. 멈춰서는 위치도 정지선에서 멀리 떨어진 곳에 서는 게 상식이다. 그래야 길 건너는 사람이 안심되므로.

카시트/안전벨트

얼마 전까지도 유럽 가면 카시트를 꼭 해야 하냐고, 안 하면 걸리냐고 묻는 사람들이 꽤 있었다. 그게 물어볼 일이냐고 반문할 만한 질문이지만 아무튼 카시트에 대해 느슨하게 생각하는 사람들이 아직 있는 것 같다.

성인용 안전벨트를 맬 수 없는(안전벨트가 목에 걸리는, 작은 키의) 어린아이들은 모두 카시트나 부스터시트에 앉혀야 한다. 규정은 나이보다는 아이의 키가 기준이고 경찰이 단속할 때도 그렇게 판단한다. 한국나이로 8살짜리라도 아이의 키가 작다면 키를 높여주는 부스터 시트를 사용해야 하고 키가 큰 아이라면 그냥 성인용 안전벨트를 매도 될 것이다.

카시트나 부스터시트는 차 예약할 때 옵션으로 추가할 수도 있지만 집에서 쓰던 것을 가지고 가는 것도 어렵지 않다. 항공기 위탁수하물과는 별도로 카시트를 부칠 수 있으므로 현지에서 짐 찾아나온 후 바로 차에 장착해 쓰면 된다.

유럽에선 모든 도로에서 전 좌석 안전벨트가 의무로 되어 있고 모든 사람이 지킨다. (독일의 경우 뒷좌석 안전벨트 착용률 97%, 한국은 20%) 안전벨트를 매지 않으면 위험할 뿐 아니라 경찰에게 걸려서 벌금을 문다. 시내에서 조금만 움직일 때도 마찬가지다.

유럽의 큰 마트에 가면 카시트나 유모차를 판다. 종류도 많고 가격도 다양해서 간편한 유모차나 부스터 시트는 3만원 정도, 유아용 카시트 비싼 것은 15만원짜리도 있다.

과속카메라

한국은 큰 도로일수록 과속카메라가 많고 농촌 마을이나 동네 골목길에서 과속 단속을 하는 일은 거의 없다. 그러나 유럽은 반대다. 고속도로나 큰 도로보다 농촌 마을이나 동네 골목길에 과속카메라가 더 많이 있고 경찰이 카메라를 들고 다니는 이동식 단속도 한다.

시골마을이나 주택가 골목길의 제한속도는 대부분 30km 내외이며 마을 입구에 제한속도가 표시돼 있다. 시속 30km면 매우 느린 속도다. 80km, 100km로 달리다가 마을 입구에 다다라 30km로 속도를 줄이려면 이렇게까지 천천히 가야 하나 하는 생각이 들 정도다. 그렇지만 그렇게 가야 한다. 이것을 무시하고 대충 지나가다가는 과속카메라에 찍히거나 이동식 카메라를 놓고 단속하는 경찰에 바로 걸릴 수 있다.

실제 사고가 났을 때도 그렇다. 차끼리 부딪치거나 긁히면 대부분 보험으로 간단히 처리된다. 그렇지만 동네 골목길에서 과속으로 달리다가 사람을 치었다면? 그건 훨씬 복잡하고 끔찍한 이야기가 된다.

고속도로나 자동차 전용도로보다도 이런 마을길, 주택가 도로에서 제한속도를 철저히 지켜야 한다. 이런 길이 실제 사고위험도 높고 단속카메라도 더 많다. 유럽에서 과속카메라 단속됐다는 사람 대부분이 이런 마을길에서 걸린다.

유럽의 내비게이션에도 과속카메라 경고 기능이 있지만 한국처럼 자세하지 않고 놓치는 경우도 많으므로 내비게이션은 믿을 수 없다. 속도 표지판, 특히 마을길 작은 도로에서의 속도규제를 철저히 지키는 수밖에 없다.

과속카메라는 나라마다 동네마다 여러 가지 형태로 있어서 여행자가 쉽게 알아보기는 어렵다.

장거리 운전

교대운전은 별로 필요 없다

유럽 자동차여행을 떠나며 누구나 생각하게 되는 것이 장거리 운전에 대한 부담이다. 도시 간 이동거리를 따져보고 그것을 우리나라의 경우에 견주어 생각해보면 작지 않은 부담이 된다. 그러나 유럽의 도로는 한국의 도로보다 편하고 빠르기 때문에 같은 시간을 운전해도 더 많이 갈 수 있고, 먼 거리를 운전해도 피로감이 덜 하다. 감각적으로 비교해본다면 같은 시간 이동거리나 같은 시간의 운전 피로도에서 1.5배의 차이는 있는 것 같다.

한국의 고속도로에서는 평균 시속 100km를 유지하기가 어렵다. 서울에서 부산까지 대략 400km인데, 이 구간을 네 시간에 주파하는 것은 매우 어려운 일이다. 제한속도 자체가 100km로 되어 있고 어디를 가든지 차가 많아서 빨리 달릴 수도 없다. 주행선과 추월선의 구별이 없고 추월선에서 정속주행하는 차들이 대부분이므로 조금 빨리 달리려면 끊임없이 지그재그 운전을 해야 한다. 언제 어떻게 움직일지 예측 불가능한 주변 차들을 계속 신경 써야 하므로 정신적으로도 힘들다.

그러나 유럽의 고속도로는 주행차선과 추월차선이 '철저하게' 구분돼 있다. 누구에게나 추월차선은 추월할 때만 잠깐 들어가는 것이 상식으로 되어 있기 때문에 대도시 주변을 제외하면 추월차선은 대부분 텅텅 비어 있고 빨리 달리는 차는 얼마든지 빨리 달릴 수가 있다.

유럽에서 서울~부산 정도의 거리라면 천천히 가도 4시간, 빨리 가기로 마음먹으면 3시간, 2시간 30분에도 갈 수 있다. 그래서 프랑크푸르트~베를린 사이의 왕복 1000km가 넘는 거리를 아침에 출발해서 일 보고 저녁에 돌아오는 사람들도 있다. 비행기 타고 어쩌고 하는 것보다 그게 편하다고 한다. 그런 정도이므로 하루 평균 300km 정도씩 여러 날 운전하는 것은, 유럽에선 아무것도 아니고 교대운전도 필요 없다.

1 2

1 크로아티아의 고속도로. 두브로브니크로 내려가는 길에 차가 너무 없어서 심심할 지경이다.

2 크로아티아의 시골길. 고속도로도 그렇지만 지방도로도 대도시 주변지역을 제하면 매우 한적하다.

차 안의 공기 순환장치

의외로 많은 사람들이 차의 공기순환장치를 '외부공기 차단'으로 해 놓고 다닌다. 내부분 매연 들어오는 것을 막기 위해서, 또는 에어컨 바람이 시원하라고 그렇게 한다고 하고 택시 기사 중에도 하루 종일 그렇게 하고 다니는 사람들이 많지만 그것은 절대 금물이다.

그것은 마치 커다란 김장용 비닐봉지를 하나씩 머리에 쓰고 한 시간 두 시간 버티는 것과 똑같은 행동이다. 차는 밀봉상태가 완벽해서 창문을 닫고 외부공기를 차단해 놓으면 외부공기는 완전히 차단된다. 매연만 들어오지 않는 것이 아니라 산소도 들

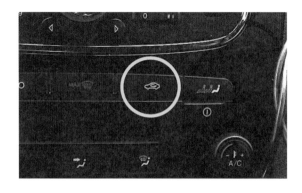

긴 터널을 주행할 때처럼 특별한 경우가 아니라면 외부공기 차단은 쓰지 않아야 한다.

어오지 않고 실내의 이산화탄소도 나가지 않는다. 이런 상태로 10분, 20분 지나면 가슴이 답답하고 졸리고 몸이 뒤틀리고 멀미도 나는 것은 너무나 당연한 일이다.

차는 언제나 외부공기가 들어와야 한다. 그래서 에어컨을 켜면 기본적으로 외부공기 유입 상태가 되도록 설정되어 있는 차종도 있다.(혹시 잊어버릴까 봐)

창문을 조금 열어두는 것으로는 환기가 충분치 않다. 외부공기 차단상태에서는 창문 주변에서만 공기가 맴돌 뿐, 실내 공기가 제대로 순환되지 않기 때문이다.

운전석 의자

운전석 의자는 사무실에서와 마찬가지로 곧추 세워야 한다. 간혹 소파에 기대앉듯 등받이를 뒤로 젖히고 다니는 사람들이 있지만 이런 자세로 장거리를 갈 수는 없다. 쉽게 피곤해지고 금방 졸음이 쏟아지기 때문이다.

등받이와 몸은 빈 공간이 없이 최대한 밀착시켜야 한다. 특히 허리 뒤쪽에 공간이 많이 남아 있으면 얼마 가지 않아 허리가 아파온다. 한두 시간은 괜찮고 하루 이틀은 괜찮지만 조금씩 아파오는 허리의 불편함을 참으며 운전하는 일은 점점 힘들어진다.

운전석 시트는 나름대로 인체에 최대한 밀착되도록 제작되어 나오지만, 내 몸에 맞춘 듯 꼭 들어맞기는 어렵다. 새 차를 받으면 무엇보다 먼저 운전석에 앉아 등받이를 곧추 세운 상태에서 가장 편안한 자세가 되도록, 특히 허리 아래쪽 공간을 섬세하게 조정해야 한다. 나의 경우는 마른 체형이어서 허리쪽에 빈공간이 많이 생긴다. 그래서 기다란 목베개나 타올 두어 장을 길게 말아 허리 아래쪽~엉덩이 사이의 빈 공간을 메우면 운전석과 몸이 최대한 밀착되고 장시간을 운전해도 등이나 허리가 아픈 일이 없다.

운전석과 핸들의 간격은 팔을 쭉 뻗어 핸들의 가운데를 잡았을 때 핸들을 힘 있게 밀 수 있는 정도가 적당하다. 팔이 구부러질 정도로 가까워도 유사시에 위험할 수 있고 너무 멀리 떨어지는 것도 장시간 운전하면 목과 어깨가 아파지기 쉽다.

교통 표지판

교통표지판은 반드시 지켜야 하는 규제표지판과 조심하라는 의미의 주의표지판, 도움 되는 정보가 담긴 안내표지판으로 나눌 수 있다. 가장 중요한 것은 규제표지판이다. 이것은 반드시 지켜야 하며 지키지 않을 경우는 사고의 위험도 있고 단속되어 벌금을 물 수도 있다.

이어지는 표지판들은 독일의 교통표지판으로, 디자인은 나라마다 조금씩 다를 수 있지만 대부분 유사한 형태여서 쉽게 유추할 수 있다. 특히 중요한 규제표지판은 모든 나라의 모양이 똑같다.

반드시 지켜야 하는 규제표지판

 주차는 물론 'NO STOP' 잠깐 멈추는 것도 안 되는 구간이다. 이 표지판이 있는 곳에서는 무조건 움직여야 한다.

 잠깐 멈춰서 사람이 타고 내리는 정도는 허용된다. 도심을 벗어나 조금은 여유있는 도로가 그렇다.

 한국사람들이 무시하기 쉬운 표지판이다. 스톱 사인이 있으면 무조건 스톱, 완전히 정지했다가 다시 움직여야 한다.

 오는 차(검정색)에 우선권이 있는 도로. 이런 구간에서 접촉사고가 난다면 전적으로 내 잘못이다.

 추월금지   양보할 것

 차 없는 거리. 들어가면 안 된다. 이탈리아의 ZTL 입구에도 이 표시가 있는데, 허가받은 차만 들어갈 수 있다는 의미다.

 진입금지. 일방통행길의 입구에서 쉽게 볼 수 있다.

 제한 해제. 독일 아우토반의 속도무제한 구간은 130km 제한이 해제되는 곳부터 시작된다.

주의/안내표지판

 전방에 정체구간 주의

 일방통행

 전방에 횡단보도 있음 이 외에도 빨간색 정삼각형 안에 여러 가지 주의내용을 담는다.

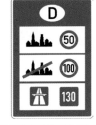 일반적인 제한속도 안내
시내 – 50km
시외 구간 – 100km
고속도로 – 130km

 전방에 고속도로 나옴

 전방에 로타리 나옴

 마을 이름 (노랑색 동네이름 안내판이 나오면 속도제한 유의할 것)

 막다른 길

 전방에 큰 길 나옴
(양보해야 함)

 우선권 있는 도로 시작

이정표 기재 내용

현재 달리고 있는 길은 1번 고속도로.
(유럽연합 도로번호로는 E37번)
도르트문트까지 24km, 쾰른까지는 106km 남았음.
44번 고속도로로 바꿔타고 카셀로 갈 수 있음.
카셀까지 161km.

도로변 주차장 기재 내용

기타 안내표지판

	국경 표시 (EU가입국)
	관광지 이름 (갈색 안내판은 관광과 관련된 내용임)
	동네 이름 (속도규제 관계없음)
	숙소 있음
	캠핑장 있음

09~20시까지 유료 (야간엔 무료)
그 아래 부대조건이 써있는데, 대부
분 자기네 문자로 써놓으므로 외국
인이 알아보기가 어렵다. 구체 내용
은 지나가는 사람에게 무슨 뜻이냐
고 물어서 반드시 확인해야 한다. 지
금 적혀있는 것은 이탈리아 말로 '공
휴일과 일요일 포함'이라는 뜻이다.

주유소

대부분 셀프주유다

주유소는 가는 데마다 있어서 도시에서든 농촌에서든 주유소 찾기는 쉽다. 셀프주유소도 많지만 종업원이 기름을 넣어주는 곳도 있다.

셀프주유소에서 기름을 넣는 방법은 쉽다. 한국의 셀프주유소와 거의 같다.

① 비어 있는 기계 옆에 차를 대고 휘발유인지 경유인지 확인한다.

② 주유기 손잡이를 들어 올려서 주유기의 눈금이 '0'으로 세팅된 것을 확인하고 (만약 주유기를 들어도 0으로 세팅되지 않으면 카운터 직원에게 사인을 보낸다. 그러면 얼른 0으로 세팅해준다)

③ 주유구에 호스를 깊숙이 꽂아 넣고 주유기 손잡이를 움켜쥔다. 기름이 콸콸 나온다.

④ 기름이 가득차면 딸깍하면서 자동으로 멈춘다. 요금을 보면서 조금 더 넣을 수도 있고 그대로 멈출 수도 있다.

⑤ 주유기를 다시 원위치 시킨다.

⑥ 주유구 마개를 따르륵 소리가 날 때까지 돌려 잠근다.

⑦ 카운터(매점 안 계산대)로 가서 몇 번 기계라고 말하고 신용카드를 준다.

⑧ 계산이 끝난 뒤 서둘러 차를 빼지 않아도 된다. 그 상태에서 물건을 사든지 화장실을 다녀와서 천천히 차로 돌아가도 된다.

크로아티아의 고속도로 주유소

경유와 휘발유의 구분

경유와 휘발유는 꼭 주의해야 한다. 나라마다 경유를 뜻하는 이름은 다를 수 있지만, 주유기 손잡의 색깔은 '노랑(또는 검정) 손잡이'로 통일되어 있다. 녹색 손잡이는 휘발유다.

대부분의 국가에서 경유를 'Diesel' 이라고 표시하지만 프랑스에서는 경유를 'gazole' 이라고만 써놓은 주유소들도 있다. 그래서 개솔린 - 휘발유로 착각해서 휘발유차에다가 경유를 넣는 사람들이 프랑스에선 간혹 있다.

기름을 잘못 넣어도 차가 가기는 간다. 그러나 시동이 원활히 걸리지 않고 차를 조금 움직여보면 엔진에 이상이 생긴 느낌을 받을 수 있다. 그럴 때 즉시 잘못 주입된 연료를 빼내고 연료를 새로 넣으면 괜찮지만 연료가 잘못 들어간 상태에서 차를 몰고 가다가 엔진이 멈춰버리면 문제는 심각해진다. 엔진을 모두 들어내는 대 수리가 들어가야 하고 이것은 보험처리 대상이 아니다. 없을 것 같지만 이런 사람이 일 년에 몇 명씩은 나온다.

휘발유는 보통 휘발유, 고급휘발유로 구분된다. 숫자가 큰 것은 옥탄가(열량-파워)가 높은 휘발유로, 값은 조금 비싸지만 높은 에너지를 얻을 수 있어서 전체적인 연료비는 싼 것과 비슷하게 든다.

주유소에서 반드시 유의해야 할 것은 기름을 넣고 계산이 끝나기 전까지는 절대로 차를 움직이지 말아야 한다는 것이다. 도주하는 차로 오해를 살 수가 있기 때문이다. 뒤에 기다리는 차가 있든 없든 관계 없다. 주유소에서도 유럽사람들은 기다리기를 잘한다.

연료비

유럽의 연료비는 나라마다 다르고 동네에 따라서도 차이가 있다. 나라마다의 차이가 큰 편이지만 대체로 그 나라의 물가 수준을 따라가서 서유럽의 연료비는 한국보다 10~20% 정도 비싼 편이고 동유럽의 연료비는 한국과 비슷한 수준이다.
아래 사이트로 가면 세계 각국의 연료비를 볼 수 있다.

유럽 연료비 사이트	http://gasoline-germany.com

여러 가지 메뉴 중 international 메뉴를 누르면 한국을 포함한 세계 여러 나라의 연료비가 매일 업데이트 되므로 자세히 볼 수 있다.

1 2

1 크로아티아의 주유소. 검정색으로 표시된 쪽이 디젤, 녹색이 휘발유다. 디젤 주유기에는 Diesel이라고 써있다.
2 휘발유를 의미하는 이름은 나라마다 다르지만 경유는 모두 Diesel이라고 표시한다. 대부분 국가에서 노랑색이나 검정색 손잡이가 디젤이고 초록색 손잡이는 모두 휘발유다. 휘발유도 옥탄가에 따라 여러 종류가 있는데 비싼 것은 연비가 높아서 오래 간다.

주차

주차 걱정은 '쓸데없는' 걱정이다

유럽의 주차 사정은 나라마다 동네마다 다르기 때문에 한마디로 말하기는 어렵지만 그냥 전체적으로 어떤지 한마디로 한다면 한국보다 훨씬 낫다고 할 수 있다.

유럽엔 서울이나 부산 같은 대도시가 거의 없다. 우리가 여행하는 동유럽 지역의 최대 도시 비엔나의 인구는 대전시의 인구 비슷하고 두 번째로 큰 대도시 프라하의 인구도 수원시 인구와 비슷하다. 그 외의 지방도시는 우리나라의 읍면 소재지 정도와 다르지 않고 더 시골동네는 말할 것도 없다. 도시라고 해봐야 우리나라 농촌의 읍면 소재지 정도를 갈 텐데, 그 거리가 복잡하면 얼마나 복잡하고 차가 많으면 얼마나 많을 것인가.

관광지로 이름난 도시는 시에서 운영하는 공영주차장도 있지만 사설주차장도 많다. 주차장도 돈 버는 사업이므로 관광객이 몰려오는 유명 관광지 주변에 주차장이 없을까 염려할 필요는 없다. 주차비도 한국보다 싸므로 여행기간 내내 들어간 주차비를 다 해야 몇 만원도 되지 않는다.

제주도에서도 제주시나 서귀포시내로 가면 차도 많고 길도 복잡하지만 그게 무서워서 제주도 렌터카 여행을 포기하는 사람은 없을 것이다. 유럽도 똑같다. 제주도 가면서 주차 걱정 할 필요 없는 것처럼 유럽 갈 때도 주차 걱정은 할 필요 없다.

무인 주차장

대도시의 번화가나 관광지 주변의 도로에는 시에서 운영하는 무인 주차장을 쉽게 볼 수 있다. 빈자리에 차를 대고 근처에 있는 기계로 가서 필요한 시간만큼 돈을 넣

1 2
3 4

고 영수증을 뽑아 운전석 창문 아래 놓아두는 방식이 대부분이며 모래시계처럼 돈을 넣은 만큼 주차가 가능한 방식도 있다.

기계에는 시간당 요금과 무료운영시간, 1회에 최대로 이용할 수 있는 시간 등의 이용요령이 적혀 있다. 사용법은 자세히 보면 어렵지 않게 알 수 있지만 잘 모르겠으면 지나가는 사람에게 물어보면 된다. 유럽사람들은 관광객이 이런 것 물어보면 무척 친절하게 설명해준다.

1 유럽 거의 모든 도시에는 도로변 주차장이 다 있다.
2 할슈타트 마을 입구의 공영주차장
3 크로아티아의 무인 주차요금 계산기
4 동유럽 여러 나라를 통틀어 주차가 가장 어려운 편인 두브로브니크 성 앞에도 사설주차장이 있고 줄서서 기다리면 자리가 나온다.

교통단속/범칙금

가능하면 현지에서 해결

유럽 자동차여행을 하며 범칙금을 무는 일은 대부분 주차위반과 과속이다. 유럽에
선 거리에 서 있는 경찰을 보기 드물고 복잡한 교차로에서도 교통정리를 하는 경찰
은 별로 없다.

주차위반을 하게 되면 대부분 차 와이퍼에 단속원이 발부한 스티커가 꽂혀있다. 여
기에도 납부방법이 적혀 있으므로 가능하면 현지에서 납부하는 것이 좋다. 대부분
현지 문자로 적혀 있어서 내용을 알기가 어렵지만 현지의 호텔 직원이나 주민에게
물어보면 납부방법을 알려준다.

납부하지 않고 귀국하면 교통국에서는 이 범칙금을 받기 위해 렌트사에 고객정보
를 요구하게 되고 그러면 렌트사에서는 또 정보제공료를 떼어가게 된다.

귀국 후 우편물로 배달되는 범칙금 고지서

과속은 카메라에 찍혀서 단속되며 나중에 한국으로 벌금 납부 고지서가 우편물로
온다. 고지서에는 위반내용이 자세히 적혀 있고 납부방법이 적혀 있다. 은행에 납부
할 경우는 은행계좌, 인터넷을 통해 신용카드로 납부할 경우는 인터넷 사이트 주소
가 나와 있으므로 거기 적혀 있는 대로 납부하면 된다. 해외 송금업무에 대해서는
일반 시중은행보다는 외환은행의 직원들이 이런 해외 송금업무에 대해 좀 더 안다.

벌금 고지서가 오기 전에 렌트사에서 먼저 우편물이 온다. 해당 국가의 교통국에 고
객정보를 제공하면서 수수료를 떼었다는 내용이다. 수수료는 보통 20~30유로 정
도인데 벌금에 앞서 정보제공 수수료까지 떼었다는 우편물은 몹시 기분 나쁘지만

어쩔 수 없다. 렌트사에 말해도 교통국에서 하는 일이므로 어쩔 수 없다는 답만 들을 뿐이다.

범칙금을 내지 않으면

프랑스에서 우편으로 보내오는 범칙금 고지서는 불어로 되어 있지만 내용은 뻔하다. 페이지 아래쪽에는 인터넷 납부시 입력해야 하는 번호가 적혀 있고 이 번호 입력하고 신용카드 결제하면 된다.

프랑스 범칙금 납부 사이트
https://www.amendes.gouv.fr

범칙금을 내지 않으면 어떻게 되느냐고 문의하는 사람들도 있지만, 정답은 없다. 내지 않고 카드도 없애버리고 그냥 있다가 나중에 유럽을 다시 갔는데 입국시 아무 일 없었다는 사람도 있고, 현지에 거주하는 교민들에 의하면 그냥 넘어가는 법은 없고 불이익이 주어질 수 있으므로 반드시 내야 한다 하기도 한다.

미국의 경우 범칙금을 내지 않은 사람이 다음에 입국해서 렌트를 하려 했더니 현지 렌트사 시스템에 '금지 대상자'로 등록돼 있어서 차를 주지 못한다 했다는 이야기는 들은 적이 있다.

현지에서 낼 수 있는 범칙금은 최대한 현지에서 내고 오는 것이 좋다. 내지 않고 귀국하면 차 빌릴 때 적어준 주소로 범칙금 고지서가 배달돼 오는데, 여기에는 범칙금에다 렌터카회사에 지불한 정보추심료까지 더해져서 배보다 배꼽이 더 큰 범칙금을 낼 수도 있다.

귀국한 뒤에 오는 범칙금 고지서는 위반한 날부터 두 달 안쪽으로 우편 배달되어 오는데, 간혹은 4~5개월 뒤에 오는 고지서도 있다.

TRAVEL
ACCOMMODATION
숙소

마음에 드는 멋진 숙소에 머무는 것도 유럽여행의 큰 즐거움 중 하나다. 유럽에는 미국의 모텔과 같은 자동차여행자용 체인호텔도 있고 가정집을 숙소로 개조해 제공하는 펜션도 있고 아파트 렌트, 고성을 개조한 호텔, 캠핑장까지 매우 다양한 숙소들이 있다. 전 세계에서 많은 여행자들이 찾아오는 곳이므로 유럽 어느 나라 어느 동네를 가든 적당한 숙소는 얼마든지 있고 성수기를 조금만 피해 간다면 매우 좋은 조건으로 마음에 드는 숙소에 묵을 수 있다.

예약을 하고 가도 좋지만 예약을 하지 않아도 별 문제 없을 만큼 유럽의 숙소 사정은 나쁘지 않다.

펜션

펜션의 원조는 유럽이다

유럽에서 가장 흔하고 손쉽게 이용할 수 있는 숙소는 유럽인들이 운영하는 민박집, 펜션이다. 영어로는 Pension('연금생활자'들이 자식들 다 키운 뒤 빈 집을 이용해 민박을 하던 것에서 유래) 이라 하고 독일 사람들은 흔히 찜머(Zimmer, 영어로 번역하면 Room, 우리말로는 '숙박'이라는 뜻)로 부르는 민박집이 유럽 어느 나라 어느 지역에서든 가장 손쉽게 이용할 수 있는 숙박시설이다.

한국에도 10여 년 전부터 '펜션'이라는 이름의 숙박시설이 많이 생겼지만 한국의 펜션은 처음부터 전문 숙박업소로 지어진 건물이고 요금도 비싸서 유럽의 오리지널 펜션과는 거리가 있다. 펜션은 가정집을 개조한 오리지널 펜션도 있지만 1층은 식당이나 호프집, 2층과 3층은 숙박시설로 꾸민 소규모 호텔도 보통 다 펜션으로 통한다.

여행시즌 유럽 전체 숙박 수요의 30%를 펜션이 해결하고 있다는 통계도 있을 만큼 유럽에선 일반화된 숙소이며 한국 여행자들에게도 적합하다. 유럽에선 '펜션'이라는 영어보다 '찜머(숙박)' 또는 '팡지온(펜션)'이라고 하는 독일말이 더 잘 통한다. (여행광인 독일 사람들이 유럽 전역을 쑤시고 다니며 찜머 찜머… 해서 그렇게 된 듯)

펜션의 시설/요금

유럽 민박집의 시설은 대략 그 나라의 경제수준을 따라간다. 일반적인 기준으로는 2~3성급 호텔과 비슷하다 할 수 있는데, 서유럽의 3성급 호텔과 동유럽의 3성급 호텔은 차이가 있고 펜션의 시설도 그만큼 차이가 난다. 너무 저렴한 펜션은 시설이

마음에 들지 않을 수 있지만 어느 정도 가격을 받는 펜션이라면 충분히 묵을 수 있다.

부킹닷컴 같은 호텔 예약사이트에서 예약할 수 있는데 요금과 함께 평점을 살펴보고 평점 8점 이상이라면 염려할 필요 없다.

체인호텔

유럽을 자동차로 여행하는 사람들에게는 이보다 편하고 경제적인 숙소도 또 없다. 같은 이름을 가진 체인호텔이라면 어느 나라 어느 지역에서든 방의 구조와 시설의 수준이 동일하고 요금도 비슷한 수준으로 맞춰져 있으므로 밤늦은 시각이나 현장에서 숙소 구하기가 여의치 않을 때에도 손쉽게 이용할 수 있다. 유럽에서 유명한 것은 ibis, ibis Styles, ibis budget, Mercure같은 브랜드를 가진 아코르 호텔 체인이다.

가장 저렴한 체인이 'IBIS BUDGET(옛 ETAP) HOTEL' 체인이고, 그보다 한 등급 위로 치는 것이 IBIS와 ibis Styles 체인이다. 여행사에선 ibis 정도의 호텔을 보통 '투어리스트급'이라고 부른다. 프런트에 직원이 상주하고 있으므로 연중무휴 24시간 아무 때나 찾아가도 되고, 인테리어나 여러 가지 시설도 나쁘지 않다. 요금은 3인 기준 하루 70유로 내외. 아코르 그룹에서 운영하는 여러 호텔들은 아코르 홈페이지(https://www.accorhotels.com)에서 검색/예약할 수 있다.

이비스호텔은 3성급 체인 호텔로, 다른 3성급 호텔보다 저렴하다.

1 아코르 호텔 계열의 이비
   스호텔과 이비스버짓호텔
   (구 에탑호텔)은 한 건물에
   있는 경우가 많다.

2 3 이비스버짓호텔. 방은 작
   지만 있을 건 다 있다.

1
2 3

아파트 렌트

가족여행팀에게 최적의 숙소로 추천할 만한 것이 취사시설을
갖춘 아파트 독채를 렌트하는 것이다. 가격은 일반 호텔에 비
해 비싼 편이지만 여러 개의 방과 주방, 거실 등 일반 가정과
다를 바 없이 편한 점을 생각한다면 가성비 높은 숙소라고 할
수 있다.
보통은 '에어비앤비' 사이트를 통해 예약하는 것으로 많이 알
려졌지만 지금은 부킹닷컴 같은 호텔예약사이트를 통해서도
쉽게 찾고 예약할 수 있다. 에어비앤비보다 부킹닷컴 같은 호
텔예약사이트를 통해 예약하는 것이 이따금 있을 수도 있는
부당요금 청구나 예약펑크 같은 것에 대해서도 대비가 된다.
부킹닷컴 같은 예약사이트로 들어가서 검색팁에 '주방시설,
주차장…' 등의 조건을 넣고 찾으면 바로 나온다.

프라하의 레지던스

크로아티아 스플리트의 아파트

현지에서 숙소 잡는 방법

구글지도 활용

구글지도를 열고 원하는 지역의 지도를 띄워놓는다. 검색창에 'hotel' 이라고 치면 일대의 '각종 숙박 시설들'이 지도에 표시된다. 이중에는 호텔도 있고 농가체험민박도 있고 피자집이나 호프집에 붙어있는 숙소도 있고 여러 종류가 다 있다. 그 상태에서 예약도 바로 되고, 전화도 바로 걸 수 있고, 내비게이션을 작동시켜 찾아갈 수도 있다.

01 노트북이나 PC 화면에서 구글지도를 열고 '호텔' 이라고 검색하면 이렇게 여러 집이 지도상에 표시된다. 화면 좌측에서 인아웃 날짜를 넣고 가격순 또는 평점순으로 정렬해보면 바로 소팅되어 나타난다.

02 마음에 드는 호텔을 클릭하면 그 호텔에 대한 상세정보가 뜨고 예약사이트, 가격도 뜬다. 클릭하면 바로 예약페이지로 넘어가고 예약과 결제까지 완료할 수 있다. 전화를 걸어서 물어볼 수도 있다.

내비게이션에서 찾기

내비게이션에는 유럽 모든 나라의 수만 개 숙박시설 정보가 들어 있다. 그래서 어느 지역에서든 '주변의 숙소 검색' 메뉴를 사용하면 그 위치에서 가까운 거리 순으로, 또는 어느 도시의 중심을 기준해서 거리 순으로 숙소 리스트가 뜬다.

숙소의 종류는 이름만 보고서도 짐작할 수 있다. '호텔'이라고 이름 붙은 곳은 말 그대로 호텔이고 그런 것 없이 'ㅇㅇhouse', 'ㅇㅇgasthof' 처럼 호텔이란 말이 들어가지 않은 곳은 일반 민박집(펜션)들이라고 볼 수 있다. 그 중 하나를 선택하면 그 숙소의 위치가 지도에 표시되고 전화번호도 나온다.

전화 걸어서 Room? How much? Free parking? 몇 마디 물어보고 가면 된다. 유럽의 민박집 사람들은 대부분 영어를 그리 잘하지 못하기 때문에 긴 문장으로 말하는 것보다 이렇게 단어 하나로 물어보면 더 잘 알아듣고 그 쪽에서도 그렇게 Yes, No 처럼 간단한 말로 답하므로 전화로 이야기하기도 쉽다.

03 모바일에서도 구글지도를 열고 호텔을 검색하면 이런 형태로 표시된다.

04 마음에 드는 집을 터치하면 그 집에 대한 상세정보가 나오고 전화도 걸 수 있고 내비게이션 기능을 사용하여 바로 찾아갈 수도 있다.

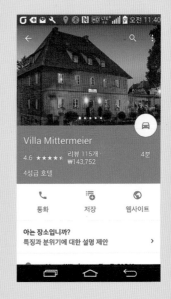

01
메뉴화면에서 '목적지'를 누르
고, 업종별 아이콘에서 '숙박'
을 선택한다.

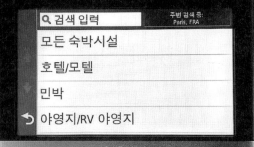

02
그러면 숙박시설의 종류를 선
택하는 화면이 또 나온다.
예를 들어 '민박'을 선택하면

03
주변의 B&B와 펜션들이 거리
순서대로 나온다.
그 중의 하나를 선택하면

04

그 집의 위치와 함께 주소와 전화번호도 나오고 거리와 소요시간도 표시된다. 전화를 걸어서 방이 있는지, 요금은 얼마인지 물어보고 '이동'을 누르면 그 집으로 길 안내를 시작한다.

숙박비 흥정

유럽의 숙소는 국내에서 미리 예약하는 것보다 현지에서 당일날 흥정을 통해 더 싸게 묵을 수도 있다. 국내에서 예약사이트를 통해 예약을 하게 되면 숙소에서는 적지 않은 비용을 예약사이트에 중개수수료로 지불하게 된다. 그러나 당일 현장에서 또는 전화로 물어보고 오는 손님은 그 비용이 나가지 않으므로 최소한 예약사이트 중개수수료만큼은 깎아줘도 손해가 나지 않기 때문이다.

한여름 성수기라면 그럴 여지가 없지만, 비수기라면 유럽의 어느 숙소이든 빈 방 몇 개는 공실로 남아 있게 된다. 그래서 당일 찾아오거나 전화로 문의하는 사람에겐 예약사이트 이하의 가격으로 제공이 가능하다. 현지에서 전화로 예약할 경우라면 충분히 시도해볼 만한 방법이다.

캠핑장

유럽의 야영장은 우리가 생각하는 것보다 훨씬 잘 되어 있고 유럽사람들에게 있어 '휴가여행'이란 곧 야영장을 찾아가 푹 쉬는 것을 의미할 만큼 야영장 생활이 일반화되어 있다. 여름 휴가시즌 고속도로에는 어떤 때 캠핑카 수가 트럭 수보다 더 많기도 하고, 유럽 지역 전체의 야영장 숫자를 센다면 수만 군데가 넘을 정도로 많이 있어서 찾기도 쉽다.

유럽의 야영장을 가보지 않은 사람들이 쉽게 상상할 수 있는 것이 한국의 해수욕장 텐트촌이거나 자연휴양림 야영장일 것이다. 그러나 유럽의 야영장은 여러 면에서 한국의 야영장과 차이가 있다. 가장 큰 특징은 찾아가기 쉬운 곳 - 대도시 주변에도 많고 유명 관광지 주변에도 많고 고속도로 주변에도 많다는 것이다.

유럽에는 '장마'라는 게 없으므로 여러 날 동안 폭우가 오는 일은 거의 없고, 비가 오더라도 이슬비처럼 내리는 게 보통이다. 여름이 더운 지중해 연안 지역을 제하면 파리나 모기 같은 것도 없어서 야외 생활하기가 매우 쾌적하다.

스위스 인터라켄 호숫가에 있는 야영장

캠핑장 시설

유럽 어느 나라에서든 캠핑장 바닥은 잔디밭이거나 자잘한 자갈돌 위에 텐트를 치게
돼 있고 자리마다 220볼트 전기를 쓸 수 있는 콘센트가 마련돼 있다. 사계절 온수샤
워를 할 수 있는 샤워부스가 넉넉히 마련돼 있고 세탁실에는 동전 넣고 쓰는 세탁기
도 있다.

야영장의 등급은 별로 표시하는데, 별 없는 야영장부터 별 네 개짜리 야영장까지 있
다. 그러나 우리처럼 잠만 자고 가는 '투어링' 여행자들은 별 없는 야영장이 더 좋은
점도 있다. 어차피 여러 가지 시설이 있어봐야 이용할 일이 별로 없으니까.

깨끗한 바닥, 전기시설, 샤워장 등의 기본적인 시설은 어느 야영장이나 다 갖춰져 있
고 여기에 더해 어린이 놀이터, 풀장, 운동장, 방갈로, 레스토랑 등 이런 시설들이 추

1
2 3

1 유럽의 야영장은 텐트 치는 자리마다
   220V 전기 콘센트가 다 있다.
2 3 방갈로 있는 캠핑장도 있다. 요금은
   3성급 호텔 요금 정도.

가되면 별이 더 붙는다.

별 많은 야영장은 그만큼 인기도 좋아서 여름 휴가철 별 네 개짜리 야영장은 예약 없이 들어가기 어려울 수도 있고 유원지처럼 번화하기도 한다. 한국사람들은 대부분 아침 일찍 나가서 해 질 때까지 돌아다니는 '투어링' 여행을 하기 때문에 야영장 부대시설이 잘되어 있다 해도 이것을 이용할 시간이 없다. 야영장 놀이터에서 놀 시간에 하나라도 더 봐야 하기 때문이다. 또 별 많은 야영장은 요금도 비싸므로 굳이 이런 곳을 갈 이유가 없는 것이다.

방갈로는 기대하지 않는 것이 좋다. 야영장에 따라서는 방갈로(간이 숙박시설)가 있는 곳도 있지만 없는 데가 더 많다. 한여름 성수기가 아니라면 예약 없이 이용할 수도 있다. 4~6인까지 이용할 수 있는 방갈로의 요금은 60~70유로 정도다.

야영장비를 대여해주는 야영장은 거의 없으므로 텐트와 야영장비는 모두 준비해 가야 한다. 야영장비는 유럽 어느 도시에나 있는 데카트론(Decathlon) 매장으로 가면 싸게 장만할 수 있다.

예약/위치확인

유럽의 야영장은 예약이 필요 없고 예약을 할 수 없는 곳도 많다. 파리/로마 같은 대도시 주변의 야영장이나 이름난 피서/관광지 근처의 야영장은 여름 휴가철에 자리가 없을 수도 있지만 그런 지역이 아니라면 언제 가더라도 텐트 하나 칠 자리는 있다. 그래서 유럽 야영장 대부분이 사전예약을 받지 않고 있고, 예약할 필요도 없는 것이다.

야영장 위치를 국내에서 미리 알고 갈 필요도 없다. 그냥 돌아다니다가 해질 무렵쯤 내비게이션이나 구글지도에서 'Camping'을 찾으면 근처에 있는 야영장 리스트가 거리 순서대로 주루룩 뜬다. 전화번호와 위치가 함께 안내되므로 전화를 걸어보아도 되고 그냥 가도 된다.

유럽 어디서든지 GPS 메뉴화면에서 '가까운 야영장'을 검색하면 거리순서대로 야영장 리스트가 뜨고 그중 한 곳을 선택하면 위치 지도와 전화번호까지 나온다. 선택하면 바로 길 안내를 시작한다.

체인야영장

유럽 내 수천 군데 야영장을 체인 형태로 연결한 'EFCO&HPA' 같은 야영장 단체도 있다. '유스호스텔 연맹' 같은 단체와 마찬가지로 가맹점 위치 지도도 제공하고 가입회원에겐 할인혜택도 주지만 굳이 필요는 없다고 생각된다. 이런 체인이 유럽의 모든 야영장을 커버하는 것이 아니므로 가까운 데를 두고 먼 가맹점까지 찾아갈 이유가 없고, 할인도 가입비를 내야 해주는 것이므로 이 체인점만 누적해서 이용하지 않는다면 비용적으로도 별 이익이 없다.

이 단체에서 운영하는 '캠핑유럽' 사이트에는 유럽 여러 나라의 캠핑장이 자세히 안내되어 있다.

캠핑유럽 사이트	www.campingeurope.com

요금

야영장 요금은 여러 가지 항목으로 분류하여 계산된다. 차의 종류/인원수/전기사용/ 텐트 개수 등 항목별로 얼마얼마 계산한 다음 토탈 요금을 받는데, 보통 승용차 한 대에 텐트 하나, 사람 3~4명 정도가 이용하고 전기를 사용한다면 하루에 25~30유로 정도 든다. 나라별로 요금 차이가 있고 야영장의 등급에 따라서도 차이가 있지만 물가 비싼 북유럽도 야영장 비용은 다른 나라와 별 차이가 없다.

운영기간/이용시간

유럽의 야영장은 대부분 5월부터 10월까지 문을 열고 11월부터 4월까지는 문 닫는 곳이 대부분이다. 파리나 로마 시내에 있는 야영장, 스위스 스키리조트 근저의 야영장은 겨울에도 문을 여는 곳이 있지만 캠핑카가 없다면 이 시기에 텐트를 치기는 어렵다. 겨울이 온화한 지중해 연안의 야영장도 겨울에 문을 여는 곳이 많다.

야영장도 호텔과 마찬가지로 프런트 데스크에서 체크인/아웃을 하고 이용하도록 되어 있다. 아무나 아무 때나 차를 가지고 들락날락할 수 있다면 치안문제도 생길 수 있는 일이므로 모든 야영장이 그렇게 한다.

체크인/아웃은 사무소에 사람이 있는 시간에만 가능하다. 따라서 이른 새벽이나 늦은 밤에는 야영장을 들어갈 수 없고 점심시간에 쉬는 야영장도 많다. 차단기가 열리지 않으므로 들어갈 수 없고 맡겨놓은 여권을 찾아야 하므로 철수해 나갈 수도 없다. 새벽에 나갈 것이라면 사무소 직원에게 전날 미리 말해두어야 한다.

야영장 리셉션의 근무시간은 대개 08:00~12:00, 14:00~20:00 정도다.

야영장 예절

유럽 야영장에서 가장 많이 만날 수 있는 사람들은 어린 자녀들과 함께 여행 다니는 젊은 부부들이다. 대충 먹고사는 사람들이기보다는 매우 예의바르고 지적인 느낌을 주는 사람들이 대부분이다. 노부부들끼리도 많이 다니는 데 이들도 매우 점잖고 여유 있는 사람들처럼 보인다.

하여튼 유럽의 야영장은 대부분 '조용한 곳에서 푹 쉬러 온 가족팀'들의 공간이다. 밤에는 물론이고 낮에도 큰 소리로 떠드는 사람은 거의 없다. 해가 진 뒤에는 분위기가 더욱 엄숙해져서 발소리를 저벅 저벅 내면서 걸어 다니는 것도 신경 쓸 정도다.

야영장 내에서는 자동차의 속도도 사람이 걷는 속도 - 시속 5km 이내로 제한된다. 걸어가는 사람을 앞질러 차를 몰아가서도 안 되며 아무도 그러지 않는다.

유럽의 야영장이 위험하지 않을까 걱정하는 사람들(대부분 여자들끼리 가는 팀)이 있지만, 이런 면에서 볼 때 야영장은 유럽에서 가장 안전한 숙소라고 할 수 있다. 여자끼리 텐트 하나 치고 자려면 치한이나 도둑이 염려되기도 하겠지만 하여튼 이렇게 엄숙하고 점잖은 분위기에서 그런 치한이 어슬렁거린다는 것은 상상하기 어렵고 야영장에서 불미스런 일이 있었다는 이야기도 아직 들어보지 못했다.

1 2

1 야영장 입구에 있는 사무실에 가서 체크인 수속을 하고 자리를 배정받는다.
2 유럽의 야영장은 매우 점잖다. 아이들은 신나게 뛰어놀지만 어른들은 결코 떠들거나 소란을 부리는 법이 없다.

야영장비 준비

기본적인 취사도구 외에 야영장에서 꼭 필요한 물품은 텐트와 깔판, 그리고 전기담요다.

유럽의 기후는 지역별로 다르고 해에 따라서도 차이가 커서 몹시 더운 지역/기간도 있지만, 아침저녁으로 으스스한 때도 많다. 특히 북유럽이나 알프스 산악지역은 한여름에도 아침저녁에는 두터운 옷을 입어야 할 정도이므로 유럽에서 야영을 하려면 전기담요는 필수다.

전기담요는 유럽에서 팔지 않으므로 반드시 한국에서 가지고 가야 한다. 인터넷 쇼핑몰에서 3만원 정도면 3인용 큼직한 것을 살 수 있다.

전기담요가 있으면 깔판은 바닥이 배기지 않을 정도로만 얄팍하게 깔아도 된다. 이런 깔판도 부피가 많이 나가므로 한국에서 가지고 갈 수는 없고 유럽에서 사야 하는데, 현지의 대형마트 레저용품 파는 곳에 가도 있고, 데카트롱같은 아웃도어 전문마켓에 가도 있다. 가격은 3~4인용 텐트 기준 3~4만원 한다. 고기를 굽거나 요리할 때 편리한 휴대용 가스기기도 한국에서 가지고 갈 수 없으므로 현지에서 사야 한다.

그 외 텐트 안에서 쓸 LED등, 작은 손전등도 가지고 가면 편리하고, 가스버너 대신 전기쿠커가 있어도 좋다. 전등은 LED 제품이 밝기도 밝고 배터리도 오래 가므로 좋다. 침낭까지는 필요 없을 듯싶다.

아웃도어 전문매장이나 카르푸 같은 큰 마트에 가면 가스버너나 야영에 필요한 여러 가지 물품을 살 수 있고 값도 싸므로 굳이 국내에서 화물로 가져갈 필요가 없다.

데카트롱

유럽 거의 모든 나라에 수백 개의 매장을 가지고 있는 세계최대의 아웃도어 전문 매장이다. 매장에는 우리가 찾는 야영장비부터 여러 가지 스포츠용품 의류 등 모든 것이 다 있다.

데카트롱 홈페이지는 불어로 되어 있는데 상단의 'Mon magasin' 메뉴로 들어가면 나라별 도시별 매장 위치를 찾을 수 있다. 구글지도를 열어 대략 가고자 하는 지역에서 'decathlon'으로 검색해도 그 일대의 매장 위치가 모두 표시되므로 쉽게 찾을 수 있다.

데카트롱 홈페이지	http://www.decathlon.com

아웃도어 전문매장인 데카트롱에는 없는 것 없이 다 있다.

TRAVEL
COURSE

동유럽 추천 여행코스

동유럽 여행을 통틀어 가장 즐거운 일은 바로 여행코스를 짜는 일이다. 그러나 즐거운 한편 가장 어려운 일이기도 하다. 제한된 시간과 비용으로 가장 알찬 여행을 다녀오고 싶은데, 가보질 않았으니 현지의 사정은 전혀 알 수가 없고, 인터넷으로 검색해봐도 제각각의 의견뿐이다.

사실 여행코스는 떠나는 사람 고유의 몫이다. 갖은 음식들이 즐비하게 놓여있는 뷔페 식당에서 무얼 먹을지 골라 담는 것은 먹을 사람의 몫이지 다른 사람이 이걸 먹어라 저걸 먹어라 할 수는 없는 일이다. 여행코스도 마찬가지라 할 수 있겠지만, 한 번도 가보지 않은 외국의 여행지를 내 스스로의 정보와 지식으로 결정하는 것은 쉽지 않은 일이다.

그래서 그동안의 경험을 토대로 동유럽 여행코스를 추천해본다. 여기 소개된 최소한의 일정을 토대로 본인의 여건에 맞게 증감하면 여행코스 결정하는 것도 그리 어렵지 않을 것이다.

프랑크푸르트 인 뮌헨 아웃

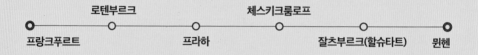

로텐부르크   체스키크룸로프

프랑크푸르트   프라하   잘츠부르크(할슈타트)   뮌헨

프랑크푸르트로 들어가 체코와 오스트리아를 돌아보고 뮌헨에서 아웃하는 일정이
다. 총 이동거리가 1200km 정도 되는데 이것을 현지 체류기간 1주일로 나눠보면
하루 평균 170km 되고 하루 평균 2~3시간 운전하는 셈이므로 어렵지 않다.

프랑크푸르트는 특별한 관광지가 없으므로 차를 픽업하여 바로 떠나도 좋다. 첫날
숙박지는 프랑크푸르트에서 가까운 뤼데스하임으로 잡는 것도 좋다. 프랑크푸르
트 공항에서 뤼데스하임까지는 한 시간 거리다.

프라하는 1박2일이면 이름난 곳은 돌아볼 수 있고 2박3일이면 넉넉하다. 체스키크
룸로프는 작은 마을이므로 한나절 구경하고 지나가도 되고 주차장을 갖춘 숙소가
없으므로 숙박은 다른 도시에서 하는 것으로 잡는 게 좋다.

잘츠부르크 시내 구경도 한나절이면 되고 할슈타트가 가까운 거리에 있으므로 숙
소는 할슈타트 쪽에 잡는 것이 좋다. 할슈타
트와 잘츠부르크 합쳐서 1박2일 잡으면 바
쁘지 않다. 뮌헨은 바쁘면 한나절 동안,
시간 여유가 있다면 귀국하는 날 포함
해서 1박2일 관광으로 잡으면 적당하
다.

여기에 이틀 정도 시간을 더 낼 수
있다면 돌로미티 산악지역을 넣
어도 좋고, 슬로베니아의 포스토
이나 동굴과 베네치아를 다녀
올 수도 있다.

프랑크푸르트

프랑크푸르트는 관광지로 이름난 곳은 아니므로 차만 픽업해서 다른 도시로 바로 넘어가는 경우가 많다.

뤼데스하임

프랑크푸르트 근교의 뤼데스하임은 와인과 생음악, 호프집으로 유명하다. 프랑크푸르트 공항에서 한 시간 정도의 거리이므로 첫 날 숙소를 이곳에 잡고 저녁시간을 보내는 것도 좋다.

로텐부르크

독일의 민속마을로 유명한 로텐부르크는 독일 여행의 필수코스다. 프랑크푸르트에서 로텐부르크는 차로 두 시간쯤 걸린다. 비행기 도착 후 차를 받아 주차장을 나설 때까지 빠르면 두 시간 30분, 보통은 두 시간 걸리는데 프랑크푸르트에 일찍 도착한다면 당일에 로텐부르크까지 가서 묵는 것도 가능하다. 그러나 첫 날부터 밤운전은 무리한 일이므로 오후 시간에 도착한다면 공항 가까운 호텔이나 근교의 뤼데스하임에서 자고 다음날 출발하는 것이 좋다.

프라하

프라하 관광은 어차피 온종일 걷는 일정이므로 하루 한 번 지하철 타기로 하면 도심보다는 외곽의 가성비 높은 숙소에서 묵는 것이 여러 모로 좋다.

체스키크룸로프

체스키크룸로프는 아주 작은 마을이어서 천천히 돌아보아도 두어 시간이면 된다. 마을에도 펜션이 많고 레스토랑도 많지만 주차장을 갖춘 곳은 거의 없다. 멀리 떨어진 유료 주차장에 차를 두고 숙소까지 왔다갔다 하는 것이 적잖이 불편하므로 이곳에 묵으려면 이 점을 염두에 두어야 한다.

잘츠부르크

낮에는 잘츠부르크 시내 구경을 하고 오후에는 할슈타트로 이동 해서 저녁은 할슈타트 호숫가에 서 보내면 좋다. 할슈타트는 역사 유적보다는 한적한 호수 경치를 보면서 쉬기에 좋은 곳이다.

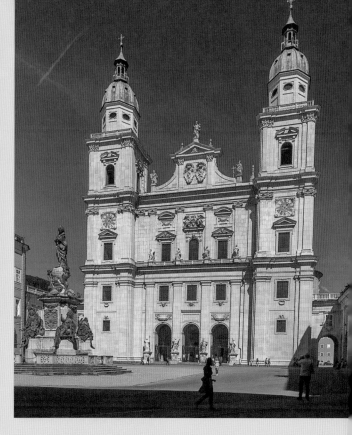

할슈타트

호수 경치를 보면서 한적하게 쉬 기 좋은 곳이다. 할슈타트에서 뮌 헨 공항까지는 세 시간 정도 걸 리므로 귀국하는 날 비행기가 오 후 출발이라면 할슈타트에서 아 침 일찍 떠나는 것도 가능하다.

뮌헨 인 뮌헨 아웃

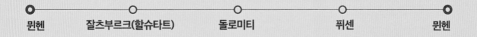

뮌헨 　잘츠부르크(할슈타트)　 돌로미티 　뮈센 　뮌헨

뮌헨으로 들어가서 오스트리아와 이탈리아를 잠깐 넘어갔다가 다시 뮌헨에서 아웃하는 일정이다. 총 이동거리가 1000km 정도 되는데 이것을 현지 체류기간 1주일로 나눠보면 하루 평균 140km, 2시간 정도 운전하는 셈이므로 부담이 없다.

뮌헨은 도착하는 날과 귀국하는 날 모두 들르므로 반나절씩만 시간을 내도 관광하기엔 충분하다. 잘츠부르크 시내 구경도 한나절이면 되고 할슈타트가 가까운 거리에 있으므로 숙소는 할슈타트 쪽에 잡는 것이 좋다. 할슈타트와 잘츠부르크 합쳐서 1박2일 잡으면 바쁘지 않다.

돌로미티 산악지역은 6~9월까지만 여행 가능한 지역이다. 봄과 가을에도 가능은 하지만 고갯길이 눈으로 막히는 날도 많으므로 이런 것에 대비한 여분의 스케줄을 준비해야 한다. 돌로미티 산악지역은 최소 1박2일의 시간을 필요로 하며 트래킹 일정도 집어넣는다면 2박3일 이상의 시간이 필요하다. 그러나 자연을 좋아하는 사람이라면 그만한 값어치는 충분히 있다.

뮈센은 노이슈반슈타인성을 보러 가는 곳인데 막상 성을 보는 시간은 2시간 이내이지만 미리 도착해서 입장권을 받아야 하고 성으로 올라갔다 내려오는 시간 등을 더하면 거의 하루를 잡아먹는다. 오후에 도착한다면 그 날은 뮈센에서 자야 하고 오전 입장권을 예약했다면 전날은 뮈센에서 자야 한다.

뮌헨

독일은 맥주가 유명하지만 그 중에도 뮌헨은 맥주축제 옥토버페스트로 더 유명하다. 도심에 있는 '호프브로이하우스'도 뮌헨 관광의 필수 코스다.

잘츠부르크

잘츠부르크의 번화가 게르트라이데(Gertreide) 거리. 아기자기하고 예쁜 상점들이 많아 거리 구경하는 재미가 좋다.

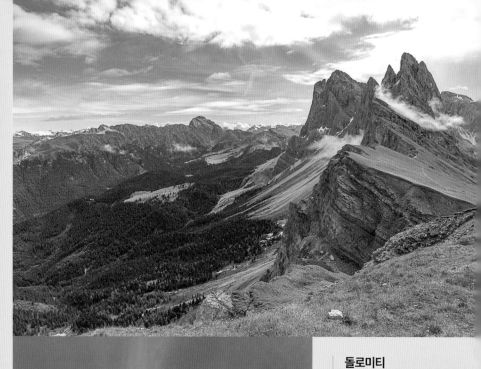

돌로미티

이탈리아 알프스인 돌로
미티는 스위스 알프스와
는 또 다른 모습이다.

뮌헨

마리엔 광장은 뮌헨 관광의 핵심
이다.

할슈타트

할슈타트 마을 전경은 아침 일찍 보는 것이 좋다. 마을이 정 동쪽을 향하고 있어 아침의 햇살을 받았을 때 마을의 모습이 가장 예쁘고 오후가 되면 그늘진 풍경이 되어 아침만 못하다.
파이브핑거스 전망대도 할슈타트 마을에서 가까운 곳에 있으므로 들러보도록 한다.

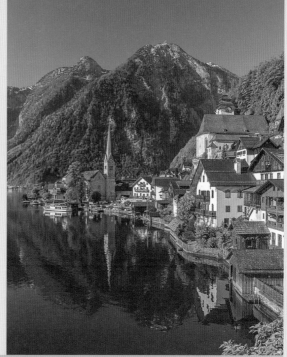

퓌센

퓌센은 오직 노이슈반슈타인 성을 보기 위해 가는 곳이다.

뮌헨 인 뮌헨 아웃

● —— ● —— ● —— ● —— ● —— ●
뮌헨　　잘츠부르크(할슈타트)　　포스토이나(슈코치안) 동굴　　베네치아　　돌로미티　　뮌헨

뮌헨으로 들어가서 오스트리아, 슬로베니아, 이탈리아를 거쳐 뮌헨으로 돌아오
는 코스다. 총 이동거리 1200km를 현지 체류기간 1주일로 나눠보면 하루 평균
170km 되고 하루 평균 2~3시간 운전하는 셈이므로 어렵지 않다.

뮌헨은 도착하는 날과 귀국하는 날 모두 들르므로 반나절씩만 시간을 내도 관광하
기엔 충분하다. 잘츠부르크 시내 구경도 한나절이면 되고 할슈타트가 가까운 거리
에 있으므로 숙소는 할슈타트 쪽에 잡는 것이 좋다. 할슈타트와 잘츠부르크 합쳐서
1박2일 잡으면 바쁘지 않다.

슬로베니아에서는 '블레드 호수'가 유명하지만 정작 가보면 별로 볼 것은 없다. 슬
로베니아에서 가장 이름난 관광지는 동굴이다. '세계적'이라는 말이 무색하지 않은
석회동굴이 여러 군데 있는데 포스토이나 동굴과 슈코치안 동굴은 오전 오후로 나
눠서 하루에 두 군데 다 볼 수도 있고 그럴 만한 값어치가 있다. 슬로베니아에서 베
네치아는 자동차로 2시간 남짓 가까운 거리에 있으므로 베네치아를 거쳐 돌로미티
산악지역을 여행하고 뮌헨으로 올라가면 코스가 적당하다. 베네치아는 짧으면 반
나절, 베네치아 본섬과 부라노섬까지 돌아본다 해도 1박2일이면 충분하다.

돌로미티 산악지역은 6~9월까지만 여행 가능한 지역이다. 봄과 가을에도 가능은
하지만 고갯길이 눈으로 막히는 날도
많으므로 이런 것에 대비한 여분의 스
케줄을 준비해야 한다. 돌로미티 산악
지역은 최소 1박2일의 시간을 필요
로 하며 트래킹 일정도 집어넣는다
면 2박3일 이상의 시간이 필요하다.
자연경치를 좋아하는 사람에겐 2박3
일도 짧게 느껴질 것이다.

뮌헨

뮌헨 공항 렌터카 주차장

잘츠부르크

잘츠부르크는 오스트리아 제2의 관광도시다. 잘츠부르크를 거점으로 할슈타트와
그로스글로크너를 다녀올 수 있다.

슬로베니아 동굴

슬로베니아의 대표 관광지인 포스토이나 동굴은 작은 열차를 타고 들어가야 할 만큼 규모가 크다. 슈코치안 동굴도 꼭 가볼 만한 곳이다. 우리가 알던 동굴의 개념이 달라지는 놀라운 경험을 할 수 있다.

베네치아

베네치아 본섬만 보려면 당일 코스로도 가능하고 부라노섬까지 다녀오려면 1박2일로 잡아야 한다.

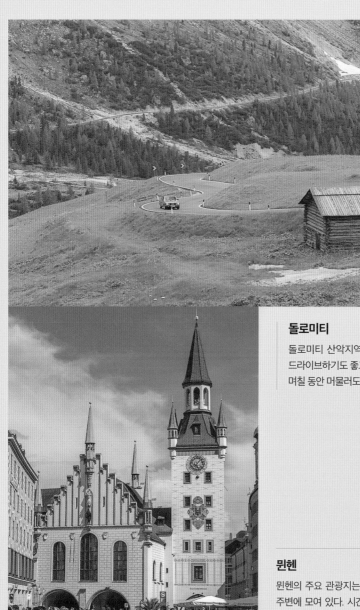

돌로미티

돌로미티 산악지역은 경치를 보면서 드라이브하기도 좋고 트래킹을 하면서 며칠 동안 머물러도 좋은 곳이다.

뮌헨

뮌헨의 주요 관광지는 모두 마리엔 광장 주변에 모여 있다. 시간이 없다면 반나절 만으로도 뮌헨의 이름난 곳들을 대부분 돌아볼 수 있다.

프라하 인 프라하 아웃

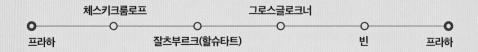

체스키크룸로프   그로스글로크너

프라하   잘츠부르크(할슈타트)   빈   프라하

프라하로 들어가서 오스트리아의 여러 지역을 돌고 다시 프라하로 돌아오는 코스다. 총 이동거리는 1200km 정도 되고 이것을 일주일로 나눠보면 하루 평균 170km, 두세 시간 운전하는 셈이므로 어렵지 않다.

프라하는 도착하는 날 포함해서 1박2일 시간을 내면 이름난 곳은 모두 돌아볼 수 있고 귀국하는 날도 시간이 있으므로 아쉽지 않게 관광할 수 있다. 잘츠부르크는 큰 도시가 아니므로 시내 구경은 한나절이면 되고 할슈타트가 가까운 거리에 있으므로 숙소는 할슈타트 쪽에 잡는 것이 좋다. 할슈타트와 잘츠부르크, 그로스글로크너까지 합쳐서 2박3일 잡으면 충분하디. 할슈디트는 저녁에 호수 경치를 보면서 휴식하고 아침에 마을 구경을 하는 순서가 좋다. 마을이 정 동쪽을 바라보고 있으므로 아침나절에 사진을 찍어야 잘 나온다.

그로스글로크너는 차를 몰고 고개 정상까지 올라가 전망을 보고 오는 드라이브 코스이므로 누구라도 어렵지 않게 다녀올 수 있는데 해발고도가 높아 6~9월까지만 가능하다는 점을 고려해야 한다.

잘츠부르크에서 빈까지는 300km, 비교적 장거리 구간이지만 길도 좋고 운전하기도 편해서 3시간 정도면 어렵지 않게 갈 수 있다. 빈에서 프라하까지도 300km가 넘는 장거리 구간이지만 길도 좋고 운전하기도 편해 4시간 정도면 어렵지 않게 갈 수 있다. 유럽에서 4시간 운전의 피로도는 한국의 2시간 운전과 다를 바 없으므로, 장거리 운전에 부담을 가질 필요는 없다. 체코 차를 오스트리아에 반납하면 편도비용이 많이 나오므로, 프라하 픽업/반납으로 하는 것이 경제적이다.

프라하

프라하는 동유럽 여행의 핵심이다. 올드타운과 언덕 위의 왕궁을 하루에 모두 보려면 바쁘고 힘들므로 최소한 1박2일은 다녀야 한다.

체스키크룸로프

체스키크룸로프는 작은 마을이므로 한나절이면 충분히 볼 수 있다.

잘츠부르크

잘츠부르크는 작은 도시이지만
빈과 함께 오스트리아에서 관광
객이 가장 많은 도시다.

할슈타트

할슈타트 호숫가 마을을 보고 파이
브핑거스 전망대를 다녀오면 좋다.

그로스글로크너

오스트리아 최고봉 그로스
글로크너 산악도로는 5~9
월 사이에만 들어갈 수 있
다.

빈

슈테판 대성당은 빈 관광
의 핵심이다.

자그레브 인 두브로브니크 아웃

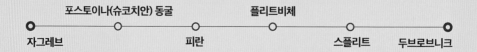

포스토이나(슈코치안) 동굴   플리트비체
자그레브   피란   스플리트   두브로브니크

크로아티아와 슬로베니아 일주 코스다. 슬로베니아까지 들러서 크로아티아를 종주하는 코스로 해도 총 주행거리는 1000km, 하루 평균 2시간 정도 운전하는 일정이므로 부담이 없다.

자그레브는 지금 크로아티아의 수도이지만 관광지로는 크게 인기가 없는 곳이므로 공항에서 차만 픽업해 떠나도 괜찮다. 이웃 나라 슬로베니아를 들러 가는 데 1박 2일이면 충분하다. 하루에 포스토이나 동굴과 슈코치안 동굴 모두 보고 저녁시간 포르토로지 해변에서도 시간을 보낼 수 있다.

플리트비체는 가장 인기 있는 A 코스나 B 코스를 보는데 3~4시간이면 충분하므로 1박2일 잡으면 넉넉하다. 스플리트와 함께 트로기르도 꼭 가볼 만한 곳이고 자다르는 소문난 것에 비하면 특별한 점은 없는 것 같다. 아드리아해의 긴 해안을 가지고 있는 크로아티아에는 경치 좋은 섬이나 해수욕장도 많고 완전 나체로 지내는 해수욕장도 여러 군데 있다. 구글지도에서 'Naturist'로 검색하면 나온다.

자그레브에서 픽업한 차를 두브로브니크에 반납해도 편도비용은 6만원 정도이므로 부담이 없다.

자그레브

자그레브는 대성당 외에 뚜렷한 관광지가 없으므로 패스해도 나쁘지 않다.

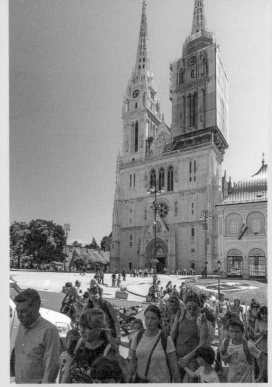

슬로베니아 동굴

포스토이나 동굴과 슈코치안 동굴은 슬로베니아를 대표하는 관광지다.

피란과 포르토로즈

슬로베니아의 피란과 포르토로즈 해변에서 지중해의 짙푸른 수평선과 투명한 하늘을 볼 수 있다.

플리트비체

플리트비체 호수공원은 두브로브니크와 함께 크로아티아를 대표하는 관광지다.

스플리트와 트로기르

스플리트와 트로기르는
나란히 붙어 있어 두 군데
모두 돌아보기 좋다.

두브로브니크

두브로브니크는 성벽
투어가 유명하고 마을
뒷산에 올라가서 보는
전망도 좋다.

THE BEST
PLACE

동유럽 추천 여행지

독일을 포함해 유럽의 동부지역에도 좋은 여행지는 매우 많다. 정치, 경제적인 이유로 20세기가 끝날 때까지도 서유럽에 비해 여행여건이 쉽지 않고 불편한 점도 많았지만 동유럽 국가 대부분이 EU로 통합되면서 여행 환경도 많이 달라졌다. 나름 충실히 갖춰진 관광 인프라와 함께 서유럽에 비해 저렴한 물가도 동유럽 여행이 가진 큰 매력이다.

독일과 오스트리아는 서유럽국가로 분류되지만 동유럽 여행에서 빠질 수 없는 나라다. 특히 유럽의 한 가운데 위치한 독일은 사통팔달 고속도로와 함께 동유럽 여행의 기 종점으로도 가장 인기 있는 나라다. 이 책에 소개된 여행지만으로 코스를 꾸려도 동유럽 여행은 충분히 즐겁고 알찬 여행이 될 듯싶다.

책에 소개된 곳은 모두 다 가볼 만한 곳이지만, 더 친절하게 추천한다면…

★★★ 이건 정말 세계적인 관광지, 천하 없어도 여긴 가야 해!
★★ 하룻밤에 시간이 없다면 이곳으로 압축~!
★ 이틀 이상 시간을 낼 수 있다면 여기는 놓치지 마라!
별 없음 여기까지 보면 다 본 것이다.
그 다음엔 네 마음대로 다녀라.

독 일

GERMANY

독일은 지역적으로 서유럽 국가이지만 동유럽 자동차여행을 하는 사람들에겐 빼놓을 수 없는 나라다. 체코 등 동유럽 국가와 인접한 위치도 그렇지만 렌터카 사정이 기장 좋기 때문이다. 한국사람들이 선호하는 오토 차종도 비교적 많이 갖추고 있고 렌트비도 유럽에서 가장 저렴한 수준이며 체코, 헝가리를 비롯해 동유럽 6개국에서 보험이 적용되므로 여행이 자유롭다.

항공편 출/도착 기준으로 볼 때 프랑크푸르트와 뮌헨이 한국인 여행자들이 가장 많이 들르는 도시이며 여기에서 동유럽으로 가는 길에 들러 갈 만한 여행지들도 많다.

프랑크푸르트 Frankfurt

유럽 자동차여행을 떠나는 한국사람들이 가장 많이 이용하는 공항이 프랑크푸르트 공항이다. 위치적으로 유럽의 중앙에 자리 잡고 있어 주변 여러 나라를 여행하기 좋고, 무엇보다 독일의 렌터카 요금이 저렴하기 때문이다. 특히 허츠렌터카를 사전결제 방식으로 예약하면, 다른 나라에서 다른 렌트사를 이용할 때에 비해 거의 절반 가격에 차를 쓸 수가 있다. 독일에서 픽업한 차는 체코와 크로아티아 등 동유럽 6개국도 여행

할 수 있으므로 알 만한 사람들은 대부분 독일 허츠에서 차를 픽업해 여행을 시작한다.

프랑크푸르트는 한국의 자동차여행자들이 가장 많이 이용하는 도시이지만, 관광지로써는 그리 알려진 곳이 아니다. 오래된 건물들이 모여 있는 '뢰머광장(Romerberg)'과 번화가 '자일(Zeil)' 거리가 알려졌지만, 비슷한 곳은 유럽의 다른 도시에도 많으므로, 일정이 넉넉한 여행자가 아니라면 프랑크푸르트 시내 관광은 패스해도 무방하다.

렌터카
영업소

FRANKFURT

프랑크푸르트
허츠렌터카

프랑크푸르트는 한국의 유럽 자동차여행자들이 차량 픽업 도시로 가장 많이 찾는 곳이다. 위치적으로도 그렇고 렌트비도 저렴하고 동유럽 여행도 자유롭기 때문이다. 많은 사람들이 이용하다 보니 프랑크푸르트 렌터카 영업소가 인터넷 카페 등에서 거론되는 일이 많다. 그런데 좋은 일은 소문이 나지 않고 나쁜 일은 소문이 나게 마련이어서 프랑크푸르트 허츠렌터카가 특히 문제가 있는 곳으로 인식하는 사람들도 있지만 실제로는 근거가 없는 걱정이라 할 수 있다.

예약했던 오토 차종을 받지 못해 애를 먹었다는 이야기가 일년이면 몇 번씩 나오지만, 따져보면 1000건 중의 한 건, 극성수기에 0.1%도 안 되는 확률로 일어나는 일이므로 그런 일이 일상적으로 일어나는 것처럼 생각할 필요는 없다. 그리고 그런 일은 프랑크푸르트 허츠만의 문제가 아니라 어느 렌트사, 어느 도시에서도 일어날 수 있고 '이용자 대비 발생 건수'의 확률적으로 본다면 오히려 적다고도 할 수 있다. 프랑크푸르트에서 차를 픽업하는 사람이 가장 많고 그중 70% 이상이 허츠렌터카를 이용한다는 점을 생각해보면 이해가 될 수 있겠다.

렌터카
영업소

프랑크푸르트 공항은 1터미널, 2터미널이 있고 렌터카 영업소도 각각 있다. 렌터카 예약확인서에는 어느 터미널인지 적혀 있지 않아서 어디로 가야 하는지 애매할 수도 있지만, 비행기가 도착한 영업소로 가는 것이 원칙이다. 공항 픽업이라면 예약할 때 도착 항공편명을 반드시 기재하도록 되어 있고, 렌트사에서는 그에 맞춰 차를 준비하기 때문이다.

짐가방을 끌고 굳이 다른 터미널로 건너가 렌터카 영업소를 찾는 사람이 간혹은 있지만 그럴 경우 시간도 오래 걸리고 원하는 차를 받지 못할 가능성도 있다.

공항만큼은 아니지만 프랑크푸르트 중앙역 영업소도 규모가 큰 편에 속한다. 중앙역 대합실 건물에는 허츠, 에이비스, 유럽카 등 메이저 렌트사의 영업소가 있다. 주차장은 역에서 5분쯤 걸어가야 하는 주차장 건물에 있다. 차를 반납할 때는 주차장 건물로 가야 한다.

렌터카
픽업

프랑크푸르트 공항 1터미널 픽업

1 입국심사를 마치고 짐가방을 찾아서 세관을 통과한다. 세관에는 직원이 있을 때도 있고 없을 때도 있다.

2 'Car Rental' 안내판을 따라서 한참 가면

3 여러 렌트사 카운터가 모여 있는 곳이 나온다. 해당 렌트사로 가서 차량인도 수속을 한다.

4 차 키를 받은 다음 주차장으로 간다. 렌트사별 주차구역이 다르다.

5 주차구역은 층별로도 다르다. 허츠렌터카 골드회원은 4층으로 올라간다.

6 직원이 알려준 자리로 가면 내가 쓸 차가 얌전히 기다리고 있다.

프랑크푸르트 공항 2터미널 픽업

1 2터미널 렌터카 영업소는 도착층 대합실에 바로 있다.

2 차 키를 받아서 주차장으로 간다. 렌터카 주차장은 일반 주차장과 같은 건물에 있다.

3 렌트사별로 주차구역이 나뉘어 있다.

4 카운터 직원이 알려준 자리로 가면 내가 쓸 차가 얌전히 기다리고 있다.

5 짐가방을 싣고 차의 기본적인 조작법을 살펴본 다음 출발한다.

6 차가 도무지 마음에 들지 않거나 차에 대해 물어볼 일이 있으면 근처에 있는 직원을 부르면 된다.

프랑크푸르트 공항 반납

고속도로를 타고 공항 구내로 접어들면 이정표에 'Car Rental Return'이라고 적힌 안
내판이 계속 있고 이것만 따라가면 주차장 건물로 들어가게 된다.

만약 안내판이 보이지 않았거나 길을 놓쳤다면 당황하지 말고 그대로 직진해서 공항
을 벗어난 다음 한 바퀴 돌아 다시 들어오면 된다. 공항 구내도로가 막히는 일은 없으
므로 한 바퀴 돌아온다 해도 5분이면 충분하다.

주차장은 렌트사별로 층이나 구획이 나뉘어 있으므로 안내판을 따라서 해당 렌트사
주차장으로 가면 반납 받는 직원이 기다리고 있다. 반납 절차는 간단해서, 허츠렌터
카의 경우 슈퍼커버 보험이 가입된 차는 연료게이지와 주행거리만 체크하고 OK 하
는 경우가 대부분이다.

프랑크푸르트 중앙역 픽업/반납

반납 주차장 입구 좌표
50°06'16.3"N 8°39'42.9"E

1 프랑크푸르트 중앙역 대합실로 들어서면 왼쪽에 렌터카 영업소가 바로 나온다.

2 메이저 렌트사인 허츠와 에이비스, 유럽카, 식스트 영업소가 한 곳에 모여 있다. 현관 앞에는 렌트사별 키박스가 있다. 영업소가 문을 닫은 시각(한밤중이나 새벽)에 차를 반납할 때는 주차장에 차를 세워두고 차 키와 반납서류를 이곳 키박스에 넣어두고 가면 된다.

3 프랑크푸르트 중앙역 주차장은 역 건물에서 조금 떨어진 곳에 있다. 영업소 직원이 약도를 그려서 알려주긴 하는데, 영업소에서 임차계약서와 차키를 받은 다음, 사진의 여자가 걸어오는 것처럼 열차 타는 곳(플랫폼)을 따라서 조금 가면 건물 밖으로 나가는 문이 나온다.

4 건물 밖으로 나가서 가던 방향으로 조금 더 가면 8층 높이의 주차빌딩이 나온다. 렌트사별 층별로 주차구역이 정해져 있다. 반납 역시 이 주차 빌딩에다 한다.

5 엘리베이터를 타고 직원이 알려준 자리로 가면 내가 쓸 차가 기다리고 있다.

ibis Styles Frankfurt Offenbach

여행 첫날의 숙소로 추천할 만한 것이 '체인호텔'이다. 찾아가기 쉽고 요금 저렴하고 일단 짐 풀고 쉬기에 이만한 곳도 없기 때문이다. 도착 첫날 할 일은 차를 받고 짐을 풀어서 사용하기 좋도록 정리하는 일이며 시간이 되면 슈퍼에 들러서 필요한 물품을 준비하는 것도 첫날 할 수 있는 일이다.

프랑크푸르트에도 아코르호텔 계열의 체인호텔이 많은데 오펜바흐에 있는 이비스 스타일 호텔도 조건이 좋은 곳이다. 프랑크푸르트 공항에서 차로 10분 정도 거리에 있고 주변에 슈퍼마켓들도 많다.

유럽의 슈퍼마켓

여행 첫날의 스케줄은 장보기다. 많은 물품을 한국에서 가지고 오지만 짐 가방의 제한도 있고 유럽에서 사야 할 것들도 있어서 도착 첫날 가장 먼저 들를 곳은 슈퍼마켓이다.

유럽에는 전국적인 체인을 갖춘 슈퍼마켓들이 동네마다 다 있는데 독일에는 리디(Lidi)나 알디(Aldi) 같은 체인이 유명하다. 일상적으로 먹는 각종 식품류와 무선주전자 같은 가전제품들도 있고 쌀도 판다.

슈퍼마켓의 위치는 구글지도에서 현재 지역을 열어놓고 'super market'으로 검색해보면 주변의 크고 작은 슈퍼마켓들이 모두 표시된다.

1 이비스 체인 중에도 '이비스 스타일'은 '컨셉'이 있는 호텔을 표방하고 있다. 이곳은 'money' 컨셉인 듯싶다. 2 지하 주차장으로 먼저 들어가서 차를 댄 후 프런트로 올라간다. 3 지하주차장도 넓고 안전하다. 대도시 시내에 있는 호텔들이 대부분 그렇듯, 이곳도 주차비를 별도로 받는다. 체크아웃 할 때 주차비를 계산하면 셔터 문이 열리는 토큰을 준다. 4 욕실이 크진 않지만 샤워하고 볼 일 보기에 불편함이 없다.

시설	2인~3인실
요금	2인실 비수기 기준 70유로 (주차비 10유로 별도)
웹사이트	www.all.accor.com
호텔좌표	50°06'35.3"N 8°44'26.2"E

뤼데스하임 Rudesheim

뤼데스하임의 '드로셀(Drosselgasse)' 골목

프랑크푸르트에서 서쪽으로 30분쯤 가면 라인 강변의 소도시 뤼데스하임이 있다. 본 이름은 라인강변의 뤼데스하임(Rudesheim am Rhein)이다. 인구 1만 명이 안 되는 작은 도시지만 포도주 산지로 유명하고 생음악을 들으며 와인과 맥주를 마실 수 있는 '드로셀(Drosselgasse) 골목'이 유명하여 해마다 300만 명이 넘는 관광객이 찾아온다고 한다.

원래 이곳의 음악은 브라스밴드로 구성된 독일 민속음악 연주가 전통이지만 근래에는 그런 악단을 구하기가 어려워 전자악기를 사용해 팝음악을 연주하는 집도 있고 아코디언 반주에 독일 민요를 들려주는 집도 있고 다양하게 운영된다. 마을 뒷산에는 독일 통일을 기념해 세운 니더발트뎅크말(Niederwalddenkmal)이 있고 이곳에서 보는 라인강의 전망도 멋지다. 기념비까지는 케이블카를 타고 올라갈 수도 있지만 차로 갈 수도 있다.

1 2 뤼데스하임의 드로셀 골목에는 아코디언 반주로 독일 민요를 불러주는 집도 있고 팝음악에 맞춰 춤을 출 수 있는 집도 있다. 3 4 맥주와 독일식 스테이크도 훌륭하고, 값도 비싸지 않아 부담이 없다.

5 마을 골목마다 기념품점과 레스토랑도 많다. 6 마을 한가운데 유서깊은 Sankt Jakobus 성당이 있고 성당 앞에는 아담한 광장이 있다. 7 8 마을 뒷산에는 독일통일 기념비(Niederwalddenkmal)가 있고 여기까지 케이블카도 다니는데, 도로가 나 있어 차로 올라가도 된다. 이곳에서 바라보는 라인강과 포도밭의 경치도 좋다.

뤼데스하이머 호프 Hotel Rudesheimer Hof

관광지로 유명한 뤼데스하임 마을에는 레스토랑을 겸해 운영하는 소규모 호텔들이 많다. 이곳 관광의 역사는 꽤 오래돼서 소규모 호텔들의 역사도 100년이 넘는 곳. 대를 이어 운영하는 집들도 많다.

뤼데스하임은 프랑크푸르트 공항에서 자동차로 30분이면 도착할 수 있는 거리이므로 공항에서 차를 픽업해 첫 날 숙소로 이곳에 묵거나 귀국 전날 이곳에 묵는 것도 괜찮다. 숙소에 차를 두고 드로셀 골목이나 마을 광장 구경을 다니기도 좋다.

1 통나무 가구와 정갈한 침구로 채워진 객실. 대도시의 모던한 호텔에서는 느낄 수 없는 포근함과 연륜이 느껴진다. 2 방에는 마당이 내다보이는 작은 테라스가 달려 있다. 소박한 차양 너머 푸른 나뭇잎 사이로 성당 종탑이 내다보이고, 호텔 마당에서 들리는 인기척이 정겹게 느껴진다. 3 정갈한 욕실도 불편함이 없게 잘 갖춰져 있다.

시설	2인~4인실 (주차 5유로)
요금	비수기 2인 기준 110유로 (조식포함)
웹사이트	http://ruedesheimer-hof.de
호텔좌표	49°58'45.4"N 7°55'34.1"E

* 예약사이트를 통하지 않고 직접 예약할 경우 할인해줌

독일의 문화

프랑크푸르트 근교의 작은 도시 뤼데스하임에도 오래된 호텔들이 많다. 그 중 '뤼데자이
머호프'는 수백 년 된 건물에서 3대째 가업으로 이어오는 호텔이라고 한다. 지금은 부부
가 운영하고 있지만, 앞으로는 지금 경영학을 공부하고 있는 아들이 이어갈 것이라고 설
명하는 안주인의 표정에서 자부심이 느껴졌다.

독일제품은 화려한 맛은 덜하지만 품질은 정말 믿음이 간다. 아무리 시골 마을에 있는 작
은 호텔이라도 욕실 수전은 튼튼하고 묵직했으며 특히 자로 잰 듯이 깔끔하게 맞아떨어
지는 타일의 줄눈은 감탄을 불러오곤 했었다. 부러움과 시기심이 섞여 있는 감탄이다.

조식이 차려진 이 호텔의 식당에서 그런 묘한 감정을 다시 느끼게 되었다. 식당은 조촐했
지만 품격이 있었고, 식기와 테이블 세팅에는 오랜 내공이 묻어 있었다. 음식의 가짓수와
퀄리티는 예상을 넘었고 커피도 좋았다.

침착한 얼굴로 조용히 손님을 대하는 직원의 태도와 나이든 손님들의 조용한 식사 매너
또한 나무랄 데가 없었다. 슬며시 부러운 마음이 들면서, 돈만으로 또 서두른다고 금방
해결될 수 없는 것들이 있다는 생각과 함께 마음이 조급해졌다.

외국인의 눈에 비치는 우리의 문화는 어떨까? 고난의 세월을 견디고 여기까지 온 것만으
로도 우리는 아주 대단한 사람들이지만, 여기저기서 급하게 가져와 적용해가며 사는 지
금 우리의 모습을 과연 온전한 우리의 문화라 할 수 있을까?

내가 정말 부러웠던 것은 자부심 넘치는 호텔 여사장도, 튼튼한 독일물건도 아니고 튼튼
하게 이어져온 그들의 문화였던 것 같다.

로텐부르크 Rothenburg

로텐부르크(Rothenburg ob der Tauber)는 독일 전통 마을의 전형을 보여준다.

로텐부르크는 독일 사람들이 가장 아끼는 민속마을이라고 한다. 로텐부르크의 정식 이름은 'Rothenburg ob der Tauber' '타우버 강 위의 로텐부르크'이다. 로텐부르크의 'Rothen'은 우리말로 '붉은', 'burg'는 '요새'라고 뜻인데, 그러고 보면 이 마을 일대의 땅이나 바위가 모두 붉은 색이고 마을의 지붕도 온통 붉은 기와지붕이다.

이곳에 처음 요새가 들어선 것은 지금으로부터 1000년 전이었고, 그 후 마을이 커지면서 성곽과 망루 같은 건물들도 추가되었다고 한다. 이곳은 독일에서도 원형이 잘 보존된 중세 도시로써 독일 사람들에게도 뜻 깊은 곳이라고 한다.

독일 전역을 폐허로 만들다시피 했던 '30년 전쟁' 중에도 이곳은 파괴되지 않았고, 제2차 세계 대전 중에도 연합군과 독일군 사이에 '거래'의 대상이 될 만큼 중요한 유적이었다고 한다.

그때 연합군은 이 요새에 주둔해 있던 독일군에게 전투를 포기하고 물러난다면 도시는 보전될 것이지만, 만약 저항한다면 무자비한 공습으로 도시는 파괴될 것이라고 경고하며 양자택일 하라 했다고 한다. 독일군은 백기를 들고 요새를 떠나는 것을 선택했고, 그렇게 해서 도시는 보전될 수 있었다고 한다.

로텐부르크에서 사람들이 많이 가는 곳은, 시청 광장(Marktplatz), 정원(Burggarten)이고, '플뢴라인(Plonlein)'도 로텐부르크를 대표하는 이미지로 많이 등장하는 명소다. 인형 박물관(Puppen- Und Spielzeugmuseum), 범죄 박물관(Kriminalmuseum)도 인기 있는 명소다.

옛 시청 건물 앞의 'Marktplatz'를 우리 말로 한다면 '장터마당' 쯤이 되겠는데, 로텐부르크를 방문한 사람들은 대부분 이 곳에 들러 다리를 쉬어 간다. 3 시청 광장에서 큰 길을 따라 서쪽으로 계속 가면 성문 밖 정원이 나온다. 45 부르크 정원 (Burggarten)은 권위적이고 과시적인 대형 정원에 비하면 작은 규모이지만 그래서 친숙하고 자연스럽고 아름답다.

6 언덕 위 정원에서 바라보는 로텐부르크 일대의 전망도 시원하다.   7 '범죄 박물관 (Kriminalmuseum)'은 '고문 박물관'이라고 하는 것이 더 맞을 만한 곳이다. 유럽에는 이와 비슷한 고문 박물관이 많이 있지만 이곳 로텐부르크의 박물관이 규모면에서는 으뜸이다.   8 'Plonlein'은 딱히 번역할 만한 말이 없지만 '삼거리' 쯤이라 하면 적당할 장소로 독일의 느낌이 물씬 나는 아름다운 골목이다.

9 10 성벽 걷기도 로텐부르크의 빼놓을 수 없는 관광코스다. 삐걱거리는 나무 통로를 걸으면서 다양하게 펼쳐지는 마을과 주변 경치를 보는 재미도 좋다. 성벽 입장료나 입장 제한 시간은 없으며 올라가고 내려오는 곳도 여러 군데 있으므로 아무 때나 자유롭게 걷고 싶은 만큼 걸을 수 있다. 11 12 로텐부르크의 특산물인 슈니발렌(schneeballen) 과자. 로텐부르크에도 여러 집이 있는데 'BrotHaus'가 원조집이라고 한다. 원조든 아니든 어마어마하게 단 초콜릿 맛은 비슷한 것 같은데 크기도 커서 한 사람이 하나를 다 먹기가 부담스럽다. 13 14 15 16 17 쇼윈도를 구경하는 것도 즐겁다. 로텐부르크의 특산물은 나무인형으로 가격은 좀 나간다.

범죄 박물관

운영시간	4~10월 10:00~18:00. 11~3월 13:00~16:00. 종료 45분 전에 입장 마감.
요금	성인 8유로, 학생 5유로, 6세 미만 무료
위치	Marktplatz과 Plonlein 중간쯤 길가에 있다.

18 19 20 '고문 교과서'도 있고, 다양한 고문 기구들도 있다. 유럽의 고문 박물관을 보면 조선 사극에 나오는 "주리를 틀어라~" 정도는 애교로 보인다. 전에 왔을 때는 '정조대'도 있었는데, 지금은 보이지 않는다. 21 호텔도 호프집도 기념품점도 로텐부르크에서는 가게의 특색을 살려 개성 있게 만든 간판을 건다. 수백 년 보존된 건물에 대문짝만하게 만들어 붙이면 흉할 것이므로 간판 하나 거는 것도 시청의 심사를 받아야 한다는 이야기도 들었다. 22 호텔 간판. 무슨 이야기를 담고 있는 것 같은데 여러 사람이 있는 모습으로 보아 호텔인 것을 알겠다. 23 처음엔 맥주잔처럼 생긴 것을 보고 호프집인줄 알았는데, 자세히 보니 약국 간판이다.

tertheorie 拷問の教科書 Theory of torture

로텐부르크 주차정보

로텐부르크 성내의 숙박시설들에는 각자의 주차장을
가지고 있다.

이곳에서 숙박할 것이 아니라면 성 밖의 공영주차장에
차를 두고 마을을 구경하는 게 편하다. 성 안에도 공영
주차장이 있지만 공간이 많지 않다. 주차장은 성 주변
에 모두 5군데 있는데 제5주차장이 가장 넓다. 성 밖에
주차하고 천천히 걸어가도 마을의 중심인 시청 광장까
지 7~8분이면 된다.

• 제5주차장 좌표 : 49°22'48.9"N 10°10'44.2"E

로텐부르크로 가는 길은 고속도로도 편하고, 인터체인지에서
나오면 성까지도 금방 간다.

ROTHENBURG

Hotel Gerberhaus

로텐부르크 성 안에 있는 호텔 게르버하우스는 16세기에 지어진 건물을 개조한 호텔이다. 겉 모습은 중세의 민가 그대로이지만 내부 시설은 매우 깔끔하고 현대적이다.

로텐부르크 올드타운의 중앙통로에 위치하고 있어 초행길에도 찾아가기 어렵지 않고 주차장을 갖추고 있어 편하다. 짐가방을 호텔에 두고 산책하듯 가벼운 마음으로 로텐부르크를 돌아보기에 안성맞춤이다. 새들이 지저귀는 정원도 예쁘고 조식도 매우 훌륭하다.

1 방문을 열면 절로 미소가 지어질 만큼 아기자기하게 꾸며진 방. 원목이 드러난 낮은 천장과 민속풍 침대와 소품들이 독일민속의상을 떠올리게 한다. 2 1층 식당에 차려진 조식. 할머니의 찬장에서 꺼낸 듯 올드한 스타일의 식기에 담긴 정갈한 음식은 대접받는 기분이 들기에 충분했다. 조식을 먹는 동안 가까운 주방에서는 달그닥거리는 소리가 들리며, 여행지의 아침을 충만하게 채워주고 있었다. 3 하얀 레이스 커튼이 장식된 창문 너머 마당이 내다보인다.

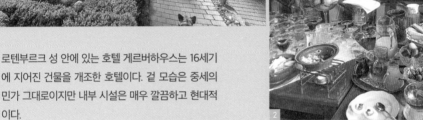

시설	2인~4인실
요금	비수기 2인. 조식포함 110유로
웹사이트	www.hotelgerberhaus.com
호텔좌표	49°22'21.7"N 10°10'49.6"E

소박한 호텔

2층 객실의 창문으로 정원이 내다보인다. 뭐에 홀린 듯 계단을 뛰어내려가 안마당에 들어서자 나도 몰래 탄성이 새어 나온다.
아, 이쁘다.
자연스럽게 손질된 식물들 사이에 자잘한 화분들이 놓여 있고 키 큰 나무에 종이 램프가 걸려 있다. 정원에는 카랑카랑한 새소리로 가득 차 있었는데 지저귀는 소리가 얼마나 거침없는지 맹랑하기 짝이 없다. 새소리가 이렇게 클 수도 있구나… 빙그레 웃음이 나온다.
마당 한쪽에 놓인 소파에 가만히 앉았다.
얼마나 앉아 있었을까.
나뭇잎을 투명하게 만들고 있는 부드러운 햇볕과 공기 속에 묻어 있는 기분 좋은 흙냄새… 이 정원을 꾸미고 있는 다른 것들이 느껴진다.
시간이 아주 천천히 흐르고 있다는 생각과 함께 알 수 없는 만족감이 차오르는 것만 같다. 오랫동안 기억될 힐링의 순간이다.

뮌헨 Munich

독일 남부 바이에른 주의 주도이며 150만 인구가 사는 대도시이지만, 도시의 시작은 '수도회'로부터였다고 한다. 'Munchen'이라는 도시 이름은 '수도사들의 공간'이라는 뜻의 'Munichen'에서 시작되었다고 하며 뮌헨 시의 휘장에도 수도사가 들어 있다.

베를린, 함부르크에 이어 독일 세 번째의 대도시이지만 해마다 살기 좋은 도시, 삶의 질이 높은 도시 베스트 순위에 꼽히고 있다. 지멘스, BMW, 알리안츠 보험 등 세계적인 기업의 본사가 뮌헨에 있으며 제조업과 서비스업이 골고루 발달하고 실업률도 낮아서 '돈이 도는' 도시인 점이 가장 큰 이유인 것 같다.

독일의 기후는 한국과 비슷해서 여름에 덥고 겨울에 추워서 12~2월 사이는 얼음이 어는 날도 많다. 봄부터 가을까지는 기후가 온화하고 맑은 날이 많아 여행하기 좋다.

뮌헨 관광에서 가장 유명한 것은 맥주 축제인 옥토버페스트로 해마다 100만 명이 넘는 관광객이 독일은 물론 세계 각지에서 몰려든다. 이 시기에는 뮌헨 시내는 물론 근교에서도 숙소를 구하기가 어렵다. 옥토버페스트는 9월 말에 시작해서 10월 초에 끝나는데, 흥청망청 노는 분위기가 좋다는 사람도 많지만 술에 취해 벌이는 난장판 분위기가 불쾌했다는 사람들도 있다.

뮌헨의 관광지는 대부분 도심의 반경 500m 이내에 몰려 있어서 하루 정도만 시간을 내면 이름난 여러 곳을 모두 돌아볼 수 있다.

1 뮌헨Munchen 레지덴츠 앞에 있는 호프가텐 Hofgarten 공원. 2 마리엔 광장에서 가장 눈길을 끄는 신 시청사 건물. 매우 화려한 고딕양식의 건물로, 몇백 년은 되어 보이지만, 20세기 초에 세워진 새 건물이라고 한다. 입장료를 내면 엘리베이터를 타고 시계탑 꼭대기로 올라가 볼 수 있다. 3 마리엔 광장(Marienplatz). 뮌헨 한가운데에 있

어 뮌헨을 들른 사람은 빼놓지 않고 찾는 곳이다. 4 시청 건물에는 멋진 장식이 있는 시계탑이 있다. 매일 오전 11시와 12시에 시계탑의 인형이 빙글빙글 돌아가는 '쇼'를 볼 수 있는 데 기다려서 볼 만큼은 아니다. 3~10월 사이에는 오후 5시에도 한다. 5 구 시청사 건물. 2차 대전 때 심하게 파괴되었고 그 후 재건했다고 한다.

6 7 뮌헨 레지덴츠는 16세기부터 20세기 초까지 이 지역 왕들의 거주지로 사용된 궁전이다. 외관은 독일의 여느 건축물처럼 투박하고 단조롭지만 내부는 매우 화려하여 베르사유 궁전이나 쇤브룬 궁전 못지않다. 화려하게 치장된 여러 방들과 금은보화로 장식된 왕관과 보물들을 볼 수 있다. 8 세계에서 가장 유명한 맥줏집 호프브로이하우스. 마리엔 광장에서 조금 떨어진 곳에 위치해 있다. 9 10 11 호프브로이하우스는 매우 커서 자리가 실내에도 있고 실외에도 있다. 독일 전통음악을 연주해주는 브라스밴드도 있다.

영국정원은 도심에 있는 공원으로는 세계에서 가장 넓다고 한다. 볕 좋은 날에는 수영복 차림으로 일광욕을 하는 사람들도 많고 공원을 흐르는 계곡에서 서핑을 하는 사람들도 있는데 공원이 너무 넓고 하염없이 걸어야 해서 일정이 바쁜 관광객들에게는 크게 인기가 없다.

레지덴츠

운영시간	09:00~18:00(4~10월), 10:00~17:00(11~3월) (입장은 한 시간 전에 마감)
요금	박물관 9유로, 보물관 9유로 정원 무료, 18세 미만은 무료

뮌헨 근교 다하우(Dachau)에도 나치 독일 시절에 만들어진 강제수용소가 있다. 다하우 수용소는 나치가 만든 최초의 강제수용소이며 이후 이것을 모델로 삼아 아우슈비츠 등 여러 수용소를 만들었다고 한다. 이곳에는 여러 나라에서 잡혀온 '불순분자'들이 수용되었는데 그 중 1/3 이상은 유대인이었다고 하며 나치에 동조하지 않는 종교계 인사들, 공산주의자들도 있었다고 한다.

당시 사용되던 막사를 비롯해 화장터, 처형장 등 여러 시설들을 볼 수 있고 사진자료들도 전시돼 있는데 〈홀로코스트〉 영화를 많이 본 사람도 막상 현장을 가보면 그 참혹한 광경이 손에 잡히듯 그려져서 견디기가 힘들다.

운영시간	09:00~17:00 (연중 무휴)
요금	무료
웹사이트	www.kz-gedenkstaette-dachau.de
주차장 좌표	48°15'58.1"N 11°28'04.9"E

뮌헨 도심 교통

뮌헨의 주요 관광지는 도심에 몰려 있으므로 한나절 시간을 내면 모두 돌아볼 수 있다.

도심에도 주차장이 있지만 서울의 명동처럼 붐비는 곳을 차를 몰고 가기엔 부담스럽고 그럴 필요도 없다. 뮌헨 시내의 모든 지하철이나 전차노선이 중앙역~마리엔 광장 일대를 통과하므로 아무 교통편이나 이용해서 들어가면 된다.

1 지하철과 전차, 버스 등 대중교통 승차권 자동판매기 2 3 도로 한가운데를 달리는 트램도 편리하고 재미있다.

렌터카 영업소

뮌헨 공항 픽업

1 뮌헨 공항은 터미널 1, 2가 있지만 두 터미널은 걸어서 다닐 수 있을 만큼 가까이 있다. 렌터카 영업소는 1터미널 건물 1층에 있다. 어느 곳에서 내리든 짐 가방을 찾아서 대합실로 나오면 천장에 'Car Rental' 안내판이 보인다. 이것만 따라가면 된다.

2 2터미널에 내렸다면 광장을 건너서 1터미널쪽으로 간다. 안내판도 잘 되어 있다.

3 렌터카 영업소는 건물 1층에 있어 찾기 쉽다.

4 픽업 수속을 하고 키를 받아서 주차장으로 간다.

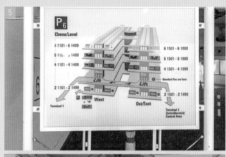

5 렌트사별로 주차층과 구역이 나뉘어 있
   다.

6 내 차가 있는 자리는 담당자가 적어주었
   으므로 그 자리로 가면 된다.

7 뮌헨 공항에서도 허츠 골드회원 캐노피
   서비스가 제공된다. 전광판에서 이름과
   주차구역을 확인하고 그 자리로 바로 간
   다.

8 그러면 내가 쓸 차에 임차계약서와 차키
   가 얌전히 놓여 있다. 그대로 몰고 나가면
   되고, 만약 차가 마음에 들지 않거나 무슨
   문제가 있다면 가까운 곳에 있는 직원을
   불러서 이야기하면 된다.

렌터카
영업소

뮌헨 공항 반납

1 고속도로를 타고 공항으로 접어들면 '렌
터카 리턴' 이정표가 잘 되어 있다.
2 이정표만 따라가면 렌터카 주차장이 나온
다. 이쪽으로 들어가서
3 해당 렌트사 주차구역으로 가면
4 담당자가 연료게이지와 주행거리를 체크
한 후 반납 영수증을 뽑아준다. 슈퍼커버
보험에 가입된 차는 차 외관 같은 것을 자
세히 보지도 않으므로 반납 절차는 금방
끝난다.

렌터카 영업소

뮌헨 중앙역 픽업

1 렌터카 영업소들은 역 대합실 건물 2층에 모여 있다.

2 에스컬레이터를 타고 2층으로 올라가서 왼쪽으로 꺾어지면

3 렌터카 영업소가 바로 보인다.

4 차가 있는 주차장은 역에서 꽤 떨어진 곳에 있다. 대합실을 나와 건너편에 보이는 붉은 건물 뒤쪽에 주차장이 있으므로 거기까지 걸어가야 한다. 가는 길은 카운터 담당자가 자세히 알려준다.

5 주차장 건물. 들어가면 렌트사별 층이 안내되어 있다.

6 자기 자리로 가서 차를 몰고 나가면 된다.

렌터카 영업소

뮌헨 중앙역 반납

반납 주차장 입구 좌표
48°08'31.7"N 11°33'31.3"E

---

1 반납하려면 이 주차 건물로 들어가야 하
  는데, 건물 앞쪽은 차가 나오는 곳이고
  들어가는 입구는 건물 뒤편에 있다. 건물
  을 끼고 우회전해서 골목으로 들어가면
  된다.

2 주차장 차량 출입구. 사람 출입구는 건물
  뒤쪽에 있다.

MUNICH

Hotel Soulmade

뮌헨 도심에서 조금 떨어진 주택가에 자리 잡은 자연친화적인 호텔이다. 건물의 주된 재료는 나무여서 실내에서는 나무 냄새가 은은하게 난다. 아름답게 가꿔진 정원도 넓다.

호텔은 정원을 사이에 두고 일반 아파트와 마주하고 있었는데, 건너다보이는 아파트 베란다에는 화분이 걸려 있기도 하고 예쁜 파라솔이 펼쳐져 있기도 했다. 어찌 생각하면 불편하게 느껴질 만한 거리였지만 오히려 편안한 분위기였고, 가끔 엿보이는 현지 주민들의 일상이 여행자의 긴장을 풀어주는 듯했다. 뮌헨 공항에서 차로 15분 정도면 갈 수 있으므로 도착 첫날 숙소로 적당하고 도심까지도 지하철로 30분(걷는 시간 포함)이면 갈 수 있으므로 시내 관광에도 편하다.

1 2 소울메이드 호텔은 내부는 물론 외부 마감까지 원목을 사용한 친환경 호텔이라고 한다. 1층 로비에서 호텔 안쪽으로 나가면 소박하고 밝은 정원이 자리하고 있다. 3 4 통나무 냄새가 은은하게 났던 아늑한 침실과 깨끗한 욕실. 암막 커튼을 치면 바깥과 완벽하게 차단되어 떼메고 가도 모를 만큼 깊은 잠에 빠져들었던 침실이다. 5 거실과 침실이 분리되어 있고, 주방에는 전자레인지와 냉장고 식기가 완벽하게 갖춰져 있다.

시설	2인~4인실 (주방 있음)
요금	비수기 2인 기준 110유로 (주차 7.5유로로)
웹사이트	https://soulmade.me
호텔좌표	48°14'38.6"N 11°39'19.6"E

Citadines Arnulfpark Munich

도심에 위치해 대중교통이 편리하고, 주변 환경이 깨끗하면서 주방과 무료 주차장을 갖춘 호텔, 그러면서 가격도 비싸지 않은… 이 모든 조건을 다 갖춘 호텔이다.

등급은 이코노미급 호텔이지만 최근에 신축한 호텔로 시설은 매우 깔끔하다. 아파트형 호텔로 방마다 간이 주방 시설이 있어 밥 해먹기도 좋다. 호텔 문 앞에 전차 정거장이 있고 뮌헨 중앙역까지는 네 정거장 정도면 간다. S반 정거장도 멀지 않은 곳에 있어 대중교통으로 뮌헨 여러 곳을 다녀오기 좋다.

1 호텔 바로 앞에 버스와 트램 정거장이 있어 시내 드나들기도 좋다. 2 방은 충분히 넓고 식탁도 있다. 3 4 욕실도 넓고 깨끗하다. 5 6 한쪽에 주방이 설치되어 있다. 냉장고와 식기세척기까지 있어서 불편한 점이 없다.

시설	2인~4인실 (주방 있음)
요금	비수기 2인실 기준 100유로 (무료주차)
웹사이트	www.citadines.com
호텔좌표	48°08'41.4"N 11°32'32.9"E

* 홈페이지에서 직접 예약하면 예약사이트보다 저렴할 수 있다.

퓌센 Fussen

퓌센은 독일남부 오스트리아와 국경을 접하고 있는, 인구 1만5천의 작은 마을
이다. 그렇지만 독일에서 퓌센을 모르는 사람 없고 유럽 여행을 가는 한국사
람들 대부분도 퓌센을 안다. 이곳에 있는 두 개의 성, 호엔슈방가우성(Schloss
Hohenschwangau)과 노이슈반슈타인성(Schloss Neuschwanstein) 때문이다.
노이슈반슈타인성은 세계에서 가장 아름다운 성(왕의 일반적인 주거지역인 궁전과
는 별개로)으로 꼽히는 곳이며 미국의 디즈니랜드도 이 성의 모습을 본따 지었다고
한다. 노이슈반슈타인성은 이 지역(바바리아)의 마지막 왕 루트비히 2세가 19세기
말 '자신만을 위한 거주지'로 지었는데 그는 지역민을 위한 행정이나 정치보다는 예

술과 취미에만 관심이 많았던 왕이었으며 성 짓기에만 몰두했다고 한다. 그러나 정작 자신은 그 성에서 얼마 살아보지도 못했으며 엄청난 빚만 남긴 채 어느 날 성 밖 호숫가에서 죽은 채 발견되었다고 한다.

성은 당시 지역주민이나 왕에겐 별 도움이 안 됐겠지만, 지금은 퓌센 지역은 물론 독일 경제에도 적지 않은 기여를 하고 있는, 독일 최고의 관광지가 되었다.

성 내부는 사진촬영이 일체 금지되어 있고, 노이슈반슈타인성 홈페이지에도 내부 모습은 잘 볼 수 없다. 화려하게 치장된 방 수십 개를 가이드와 함께 돌아보는 코스는 대략 한 시간 반 정도 걸린다. 호엔슈방가우성은 자유롭게 입장이 가능하다.

1 퓌센(Fussen)의 노이슈반슈타인성. 독일 최고의 관광지로 일 년 내내 예약이 밀린다. 23 성으로 올라가는 버스는 한 대가 부지런히 왕복하는데 줄이 길면 두 번쯤 기다려야 할 수도 있다. 버스는 올라갈 때만 타고 내려올 때는 산길을 걸어 내려오는 것도 나쁘지 않다. 버스 타는 곳은 입장권 교환소에서 길을 따라 200m쯤 더 들어가면 오른쪽에 있다. 4 메일로 받은 바우처를 출력해서 이곳 매표소에 제출하고 정식 표로 교환해야 한다.

5 6 성 입구에서 계곡을 바라보면 마리엔 다리(Marienbrucke)가 보인다. 저 다리에서는 성 전체의 모습이 보인다. 7 성은 누구도 들어올 수 없도록 철옹성으로 지었고, 실제 루트비히 2세는 특별히 친한 사람 외에는 누구도 들어오지 못하게 했다고 한다. 루트비히 2세는 '은둔형 성덕후'였던 모양이다. 8 9 호엔슈방가우성. 바이에른 왕가의 별장으로 사용되었으며 루트비히 2세도 어린 시절 이곳에서 살았다고 한다. 노이슈반슈타인성에 비하면 규모도 작고 비교적 소박한 모습이다.

노이슈반슈타인성 들어가기

노이슈반슈타인성은 하루 입장객 수가 제한되어 있어서 입장권을 미리 예매해야 한다.

성 한 군데 입장료는 13유로, 두 성을 모두 보려면 25유로다. 바바리안 왕 박물관까지 모두 보려면 31.5유로. 18세 미만은 무료다.

예매 사이트에서 신용카드로 결제하면 메일이 온다. 당일 현지 매표소에서 실물티켓과 교환하라는 내용, 그리고 예약된 입장시간보다 최소 1시간 30분 전까지는 티켓을 교환해야 하고 늦으면 자동취소 된다는 내용이다. 실제 현장에서 입장권을 받은 후 셔틀버스를 타고 성까지 올라가려면 1시간 이상 걸리므로 최소 1시간 30분 전까지는 티켓 창구에 도착해야 하는 것이 맞다.

성으로 올라가는 버스는 티켓 창구에서 5분쯤 떨어진 곳에서 타는데 입장료에 포함되어있지 않으므로 현장에서 별도로 지불한다. 걸어서 올라갈 수도 있지만 30분 이상 언덕길을 올라가는 것이 쉽지는 않다.

입장권 예매 사이트

www.hohenschwangau.de

FUSSEN

Hotel Landhaus Kossel

쾌적하게 관리된 리조트 단지 안에 위치한 호텔로, 독일 전통가옥 느낌이 풍기는 고풍스러운 외관을 가지고 있다. 호텔에서 조금 걸어 내려가면 아름다운 호수 Hopfen See가 있어 호숫가 산책하기도 좋다. 이 숙소의 진가는 발코니로 나가 보면 알 수 있다. 초록색의 목초지와 멀리 보이는 알프스 산자락까지, 그림 같은 풍경이 숙소의 정원인 양 펼쳐져 있다. 일반 객실과 함께 아파트형, 샬레형 숙소가 다양하게 있고 가족단위 여행팀들이 많이 보인다.

노이슈반슈타인성에서 차로 10분 정도면 도착할 수 있고 이곳에서 뮌헨까지는 1시간 30분, 뮌헨 공항까지는 2시간 거리다.

1 침실은 제법 넓고 널찍한 테라스가 있어서 좋다. 2 필요한 것이 다 갖춰져 있는 주방 3 욕조가 있는 욕실도 넓고 쾌적하다. 4 침실과 분리된 거실에는 식탁과 소파가 있고 테라스도 연결된다. 5 이 집에서 가장 돋보이는 곳은 테라스다.

시설	2인~4인실, 아파트형, 샬레형 등 다양
요금	4인 아파트형 비수기 기준 150유로 (무료주차)
호텔좌표	47°36'16.9"N 10°41'04.9"E
웹사이트	www.landhaus-koessel.de

동유럽 추천 여행지　　187

오스트리아

AUSTRIA

오스트리아는 참 아름다운 나라다. 자연도 도
시의 거리도 거기서 만나는 사람들도 어쩌면
이렇게 얌전하고 차분하고 깔끔할 수가 있을
까… 싶을 정도로 아름답고 매력적인 나라다.
유럽여행에서 알프스가 있는 스위스를 빼놓
을 수 없듯이 동유럽 여행에서도 알프스가 있
는 오스트리아를 빼놓을 수 없다. 오스트리아
의 알프스 지역을 보통 '티롤' 지방이라고 하
는데 '티롤' 하면 떠오르는 어떤 이미지, 그 이
미지 그대로를 배신하지 않고 보여주는 전원
풍경과 그 사이 사이에 자리잡은 작은 마을과
소도시들. 오스트리아 여행이야말로 동유럽
자동차여행의 핵심코스다.

빈 Vienna

체코, 독일과 국경을 접하고 있는 오스트리아는 남한보다 조금 작은 국토에 인구 8
백만이 사는 나라다. 지금은 유럽에서도 소국에 속하지만 신성로마제국의 실권을
쥐고 있었던 합스부르크 가문도 오스트리아가 배경이고 19세기 이래 유럽의 큰 세
력이었던 오스트리아-헝가리 제국의 중심도 오스트리아여서 이들의 역사적인 자부
심은 다른 유럽 국가 못지않다.
유럽 대부분 국가들이 다민족으로 이루어진 것과 달리 오스트리아는 주민 대부분

이 게르만족 계통의 오스트리아인으로 이루어져 있고 정치적으로도 안정되어 있으며 특히 세계적인 음악가를 많이 배출한 나라다. 모차르트, 슈베르트, 하이든, 요한슈트라우스, 리스트… 이들 모두가 오스트리아에서 태어나거나 오스트리아에서 활동한 음악가들이다.

오랜 전통을 지닌 귀족문화와 거기에서 피어난 예술과 학문, 오스트리아는 작지만 결코 작지 않으며 예전에도 지금도 여전히 아름다운 나라인 것 같다.

오스트리아의 수도 빈은 근교지역까지 합쳐서 200만 정도의 인구가 사는, 동유럽 최대의 도시다. 200만 인구면 유럽 대륙 전체로 따져서도 10대 도시 안에 들어가는 대도시다. 그러나 유럽의 다른 대도시들과는 달리 빈은 매우 깨끗하고 정돈되어 있으며 언제 가보아도 분위기가 평화롭다. 여행자들이 느끼는 느낌 그대로, 빈은 해마다 세계에서 가장 살기 좋은 도시 1위로 꼽힌다고 한다. 소매치기 같은 범죄율도 매우 낮아서 한국이나 일본과 비슷한 정도라고 하므로 유럽에선 특별한 도시임이 분명하다.

'합스부르크 가문'의 근거지였던 빈에는 규모 큰 왕궁이 여러 군데 있고 중세 이래 보전되어온 유서 깊은 건물도 많아 도시가 무척 고풍스럽다. 내륙 깊이 자리 잡고 있는 빈의 기후는 서울과 비슷해서 사계절이 뚜렷하고 겨울 기온도 서울 못지않게 춥다. 빈의 기후는 한겨울을 제하면 일 년 내내 여행하기 좋은 편이다.

빈에서 가장 인기 있는 관광지는 합스부르크 가문의 거주지였던 쇤브룬 궁전(Schloß Schonbrunn)과 벨베데레 궁전(Schloß Belvedere), 그리고 빈 도심 한가운데 있는 슈테판 대성당과 그 일대의 번화가다. 그 외에 자연사 박물관과 빈 미술사 박물관, 오페라하우스도 많은 관광객들이 찾아가는 빈의 명소다.

1박2일로는 부족하고 2박3일 정도면 이런 이름난 곳들을 모두 돌아볼 수 있다.

쇤브룬 궁전 Schloß Schonbrunn

수백 개의 화려한 방과 수많은 예술품, 거대한 정원은 파리의 베르사유 궁전과 비교할 만하다. 마리 앙투아네트도 이곳에서 나고 자라 프랑스 황제에게 시집을 갔다고 한다.

금으로 도배되다시피 한 방들은 화려함의 극치를 이루는데 18세기 중반에 지어진 지금의 건물은 '바로크 양식', 인테리어는 '로코코 양식'이라고 한다. 일반에 공개되는 방은 모두 45개인데, 오디오 가이드를 들으면서 순서대로 돌아볼 수 있다.

궁전 내부는 사진 촬영이 엄격히 금지되어 있어서 인터넷으로도 궁전 내부의 모습을 찾아보기 어렵다. 눈으로만 보면서 여기저기 돌고 나오면 이곳을 다녀와서도 그저 화려했다는 기억뿐 어디 가서 무얼 보았는지 잘 기억나지 않는다. 쇤브룬 궁전에서 가장 크고 화려한 '거울의 방'에서 여섯 살 모차르트가 피아노를 연주했다고 한다. 쇤브룬 궁전과 정원은 1996년 유네스코 세계 문화유산으로 지정되었다.

1 궁전 투어하는 동안은 사진촬영이 금지다.
2 기념품점

운영시간	09:30~17:00
요 금	성인 22유로(22개 방 관람), 성인 26유로(40개 방 관람), 가족패스 55유로(성인2+어린이3) 입장권은 쇤브룬 홈페이지에서 미리 구매 가능
교 통	지하철 4호선 쇤브룬Schonbrunn 역. 쇤브룬으로 가는 트램과 버스 노선도 많다
주 차	48°11'06.8"N 16°19'06.5"E (정문 앞) 48°11'30.2"N 16°18'58.0"E (조금 떨어진 곳)
웹사이트	www.schoenbrunn.at

 # 황후 엘리자베스 '시시(Sisi)'

오스트리아 사람들은 합스부르크 가문의 마지막 황후 엘리자베스를 '시시(Sisi)'라는 애칭으로 부르며 좋아한다. 독일 바이에른 지역의 공주로 태어난 그녀는 누구보다도 예뻤고 일생 동안 품위를 잃지 않았으며 자유로운 영혼을 지닌 근대여성이었다고 한다. 어린 나이에 합스부르크의 젊고 유능한 황제 프란츠 요제프1세(외사촌 오빠, 합스부르크 가문은 근친혼의 전통이 있었다)의 적극적인 구애를 받아들여 결혼했으나, 막상 결혼하고 보니 남편은 일밖에 모르는 엄친아였고 시어머니는 사사건건 '황실의 법도'를 따지고 간섭했으며 엄마노릇마저 마음대로 하지 못하게 했다고 한다.

그러나 그녀는 거기에 굴하지 않고 젊은 나이에 황궁을 떠났다. 이혼을 하지는 않았으나 황실의 속박에서 벗어나 자유롭게 여러 나라를 여행하고 머물면서 일생의 대부분을 남편과 별거하면서 지냈다고 한다.

역사상 가장 오랜 기간(68년) 동안 황제의 자리에 머물렀던 남편 '프란츠 요제프1세'는 언제나 '국정'에 바빴으며 '효자 아들'이었지만, 아내를 향한 그리움은 한결같았다고 한다. 그가 68살 되던 해 아내가 스위스 여행 중 괴한에게 피살되었다는 소식을 듣고는 형언할 수 없는 슬픔을 토로했고, 그후 황실도 몰락의 길을 걷게 되었다고 한다.

엄친아와 엄친딸 헬리콥터맘… 안타까운 가정사는 동서고금(東西古今) 어디에나 있는 일인 것 같다.

벨베데레 궁전 Schloss Belvedere

벨베데레 궁전은 '오이겐 왕자'의 거주지로
지어진 바로크 양식의 궁전이다. 주 거주지
로 쓰였던 하궁과 연회장으로 지어진 상궁
두 개의 건물이 있고 두 건물 사이에는 넓은
정원이 있다.

궁전 건물은 모두 미술관으로 쓰이고 있는
데 하궁은 기획전, 상궁은 상설 전시장으로
사용된다. 상궁에는 오스트리아가 낳은 유명
화가 구스타프 클림트(Gustav Klimt)와 에곤
실레(Egon Schiele)의 작품 다수가 전시되어
있고 벨베데레 궁전을 찾는 사람들도 대부분
이곳 상궁 미술관을 목적지로 삼는다.

정원은 언제 가나요?

창덕궁 후원을 구경하고 나오는 길에 서양 관광객들은 종종 가이드에게 이렇게 묻는다고 한다. 한국에서 가장 유명한 정원을 실컷 구경하며 지나왔으면서도 그게 정원인줄 모르고 지나왔다는. 그래서 "지금 지나온 데가 정원입니다." 하면 눈이 뚱그레지면서 어떻게 이해해야 할지를 몰라 한다고 한다. 서양의 정원은 일단 넓어야 한다. 광대하게 더 광대하게 아득한 지평선 끝까지 싹 쓸어버린 다음 직선도로를 깔아주고 나무도 각을 잡아 깔아주고 꽃도 색색의 조화를 맞춰 넓게 깔아주고 거기에 화려한 조각 작품이 곁들여진 분수대도 세워놓는, 한 마디로 누가 봐도 꾸몄다 싶게 꾸미는 것이 서양의 정원인 것 같다. 애초 서양의 정원은 정원의 주인이 높은 곳에서 내려다보는 용도이거나 마차를 타고 지나가는 곳이었을 테니 이곳을 걷는 입장에 대해서는 아무 배려도 없다. 서양의 넓고 단순한 정원을 걷는 일은 누구에게나 고역스런 일이다.

3 서양의 정원을 '산책' 하는 일은 지루하고 힘들다. 특히 여름에는. 4 꾸미지 않은 듯 꾸미는 자연스러움이 한국 정원의 멋이다. 5 일본의 정원은 아기자기하지만 살벌한 '긴장감' 또한 중요한 요소다.

1 '키스'로 많이 알려진 구스타프 클림트의 대표작 '연인
2 기념품점에도 온통 클림트의 작품뿐이다.

운영시간	10:00~18:00 (정기휴일 없음)
요 금	클림트를 비롯해 가장 많은 미술품을 볼 수 있는 상궁 입장료는 15유로. 하궁의 특별전까지 모두 볼 경우는 22유로다.
교 통	지하철 U1 선을 타고 Südtiroler Platz 역에서 내리면 상궁 입구까지 도보 10분
주 차	48°11'01.7"N 16°22'45.2"E (걸어서 10분 거리)
웹사이트	www.belvedere.at

1 스테인드글라스를 지나온 햇빛이 성당 안을 화려하게 비추고 있다.   2 슈테판 대성당은 모자이크 지붕이 유명하다. 색색의 벽돌 25만장이 들어갔다고 한다.

슈테판 대성당 Domkirche St. Stephan

규모로 보나 역사적 가치로 보나 유럽에서도 손꼽히는 대성당이며 빈의 랜드마크다. 이곳에 교회가 세워진 것은 12세기 초엽이나 합스부르크 왕조 때인 14세기 중엽에 로마네스크 양식의 예전 건물을 허물고 당시로써는 최신 건축양식인 고딕 양식으로 대성당을 지었다고 한다.

슈테판 대성당은 오스트리아 역사의 중요한 사건들과 관련이 있으며 모차르트의 결혼식과 장례식도 이 성당에서 치러졌다고 한다.

성당은 연중무휴로 종일 개방되고 있지만 성당 내부 오디오 가이드투어와 남쪽탑, 지하카타콤베(공동묘지) 가이드투어는 각각 6유로 정도의 요금을 내고 참여할 수 있다.

음악의 도시 빈에서는 연중 언제 가더라도 클래식 음악회를 가볼 수 있다. 오페라나 대규모 오케스트라 연주회가 매일 있지만 작은 규모의 실내악 연주는 소규모 콘서트홀이나 레스토랑이나 기타 다양한 형태로 제공되고, 음악회 티켓도 쉽게 살 수 있다.

티켓 판매상이 아니어도 https://www.viennaconcerts.com 에 들어가면 원하는 음악회를 골라 티켓 예매를 할 수 있다. 오케스트라 연주회는 대략 50유로부터, 디너가 포함된 연주회는 100유로부터 살 수 있다.

운영시간	월~토요일 06:00~22:00
	일요일 및 공휴일 07:00~22:00
요 금	투어 종류별로 6유로씩
교 통	지하철 U1, U3선 Stephansplatz역
웹사이트	www.stephanskirche.at

3 슈테판 대성당 앞은 음악회 티켓 판매상들
에게도 중요한 목이다.

도심의 번화가

1 슈테판 성당을 중심으로 케른트
너 거리(Karntner Straße)와 그라
벤(Graben) 거리 그리고 미하엘 광
장(Michaelerplatz)까지 이어지는
지역은 빈에서 가장 번화한 거리로
세계 각국에서 온 관광객들이 모이
는 곳이다. 보행자 전용의 케른트
너 거리에는 각종 브랜드와 기념
품점과 레스토랑이 들어서 있어 언
제나 사람들로 붐빈다. 2 빈의 기
념품점은 온통 모차르트다. 3 해
질녘의 노천레스토랑 4 케른트너
거리에서 개와 개의 탈을 쓴 사람
이 만났다.

판도르프 아울렛

빈 동쪽, 자동차로 30분쯤 떨어진 곳에 있는 '맥아더글렌' 계열의 아울렛이다. 의류와 생활용품 등 156개의 샵이 있고 물건의 품질도 좋고 가격도 나쁘지 않은 아울렛으로 빈 시민들도 많이 찾는다고 한다.

영업시간	월~수요일 09:00~20:00,목~금요일 09:00~21:00, 토요일 09:00~18:00, 일요일 휴무
주차장 좌표	47°58'44.9"N 16°50'53.4"E
웹사이트	www.mcarthurglen.com/outlets/de/at/designer-outlet-parndorf

대도시 빈에도 대중교통이 잘 마련되어 있는 편이다. 6개의 지하철 노선 외에도 국철(?)과 트램, 버스가 있고 표 한 장으로 이들 교통수단을 모두 이용할 수 있어 편리하다. 표는 1회권을 끊어 다니는 것보다는 자유이용권을 사는 게 편하고 경제적이다. 자유이용권은 구매 당일 유효한 것이 5.8유로, 사용개시 시각으로부터 24시간까지 유효한 것은 8유로, 48시간짜리는 14유로로, 72시간짜리는 17유로다.

빈 시내 교통

1 2 차를 타고 내리는 것은 자유롭지만 표가 없거나 펀칭(사용개시 시각 프린트)되지 않은 표를 가지고 있다가 단속원에게 걸리면 큰 벌금을 물게 되므로 처음 사용할 때 기계에 집어넣어 사용개시 시각 프린트 하는 것을 잊지 말아야 한다. 표는 정거장 근처의 타박(Tabak, 담배가게)이나 자동판매기에서 살 수 있다.
참고 사이트 : https://shop.wienerlinien.at
3 도심의 트램 정거장에는 자판기들이 있다. 사용법을 잘 모르겠으면 옆에 있는 사람에게 부탁하면 잘 도와준다.

VIENNA

Deluxe Pool Suite

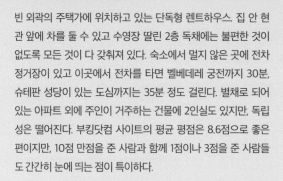

빈 외곽의 주택가에 위치하고 있는 단독형 렌트하우스. 집 안 현관 앞에 차를 둘 수 있고 수영장 딸린 2층 독채에는 불편한 것이 없도록 모든 것이 다 갖춰져 있다. 숙소에서 멀지 않은 곳에 전차 정거장이 있고 이곳에서 전차를 타면 벨베데레 궁전까지 30분, 슈테판 성당이 있는 도심까지는 35분 정도 걸린다. 별채로 되어 있는 아파트 외에 주인이 거주하는 건물에 2인실도 있지만, 독립 성은 떨어진다. 부킹닷컴 사이트의 평균 평점은 8.6점으로 좋은 편이지만, 10점 만점을 준 사람과 함께 1점이나 3점을 준 사람들도 간간히 눈에 띄는 점이 특이하다.

1 마당에는 보기에도 시원한 수영장이 자리하고 있다. 수영을 할 수 있는 날씨가 아니어도 수영장이 가까이에 있다는 것은 즐겁다. 2 2층에 있는 침실 3 침실 밖으로는 테라스가 시원하게 마련돼 있다. 4 모든 시설이 갖춰진 주방 5 욕실도 깔끔하고 쾌적하다.

시설	4인용 아파트
요금	비수기 기준 180유로 (무료 주차)
좌표	48°07′27.6″N 16°19′10.1″E

Wirtshaus Gruber Weitenegg

아름다운 도나우 강가에 있는 규모 큰 펜션이다. 빈에서 잘츠부르크 가는 길에 스마트폰으로 검색해 들어갔던 곳이다. 빈까지는 차로 1시간, 잘츠부르크까지는 차로 2시간 걸리는 거리에 있어 빈-잘츠부르크 이동 중 하루 머물기 좋은 곳이다. 젊은 부부가 두 개의 건물에서 레스토랑과 펜션을 함께 운영하는데 방도 4성급 호텔 못지않고 식당도 일류 레스토랑 못지않다.

1 다소 올드한 분위기이지만 깨끗하고 편안했던 침구와 넓은 방이 쾌적하다. 2 견고한 가구가 인상적이었던 욕실은 머무는 동안 만족감을 느끼게 했다. 3 조식도 훌륭하다. 4 호텔과 불과 몇 걸음 떨어진 곳에 도나우 강이 흐르고 있다. 한적하기 그지없는 강가에서 전혀 기대하지 않았던 힐링을 만끽했다.

시설	2인~4인실 (주방 없음)
요금	2인 비수기 기준 100유로
웹사이트	www.wirtshausgruber.at
좌표	48°13'46.6"N 15°17'44.4"E

빈 공항 영업소 픽업/반납

1 짐가방을 찾아 입국장 대합실로 나오면 렌터카 안내판이 보인다.

2 빈 공항은 구조가 복잡하지 않아서 안내판만 계속 따라가면 된다. 차 위에 열쇠가 있는 그림이 렌터카 표시다.

3 한참 걸어가면 최종적으로 여러 렌트사 사무소가 모여 있는 곳에 도착한다.

4 해당렌트사 부스로 가서 예약번호를 알려주면 된다. 차는 건물 밖에 있는 주차장에 있다.

5 공항 구내로 들어가면 이정표에 'Car Rental Return'이라고 쓰인 안내판이 나온다. 그것만 따라가면 된다.

6 렌터카 주차장은 입국장 야외주차장에 있다. 여러 렌트사가 공용으로 쓰고 있으므로, 해당 렌트사 구역으로 가면 제복 입은 직원이 기다리고 있다.

반납 주차장 좌표 48°07'20.4"N 16°33'54.5"E

렌터카 영업소

중앙역 영업소 픽업/반납

12 빈 시내에도 여러 곳에 렌터카 영업소가 있지만 근래 새로 생긴 중앙역 영업소에서 픽업/반납하는 것이 여러 모로 좋다. 중앙역 건물은 근래에 최신식 건물로 신축되었고 렌터카 영업소와 주차장도 최신시설로 마련되었다. 렌터카 영업소들은 4번 계단과 5번 계단 사이에 있다.

3 지하 주차장으로 가면 렌트사별 구역에 차들이 주차돼 있다.

4 유럽의 4개 메이저 렌트사의 키박스가 나란히 있다. 영업시간이 지난 다음에 무인반납하려면 렌트사 지정 주차구역에 주차한 다음 이 키박스에 키를 넣고 가면 된다. 무인반납은 예약할 때 약속이 돼 있어야 하고 사전 약속 없이 임의로 하면 안 된다.

반납 주차장 좌표 48°11′01.7″N 16°22′45.2″E

잘츠부르크 Salzburg

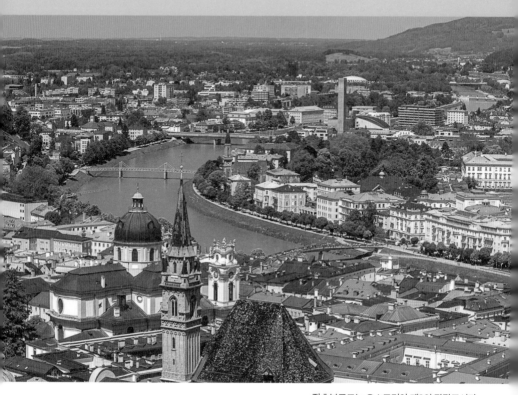

잘츠부르크는 오스트리아 제2의 관광도시다.

잘츠부르크는 독일과 국경을 접하고 있는 총 인구 15만 명의 소도시다(한국의 안성시와 비슷한 인구 규모). 도시 이름에 '잘츠Salz'가 있는 것처럼 예로부터 소금생산지로 유명한 곳이라고 한다. 영화 〈사운드 오브 뮤직〉의 배경으로 유명 관광지가 됐고 모차르트가 태어난 곳이라는 명예, 그리고 할슈타트와 베르히테스가덴 같은 관광지의 관문 역할을 하면서 수도 빈 못지 않은 관광도시가 되었다.

잘츠부르크 시내에서 가볼 만한 곳은 호엔잘츠부르크 요새(Festung Hohensalzburg)와 도심의 번화가 두 군데다. 〈사운드 오브 뮤직〉 촬영지는 한때 잘츠부르크 최고의 투어상품이었으나 지금은 찾는 사람이 별로 없다. 영화에서 자주 나왔던 미라벨 궁전 (Schloss Mirabell)은 정원이 아름다운 곳으로 지금도 인기 관광지다.

잘츠부르크에서 남쪽으로 30분쯤 떨어진 곳에 히틀러의 별장으로 알려진 켈슈타 인하우스가 있고, 거기서 다시 1시간쯤 내려가면 독일 사람들이 즐겨 찾는 휴양지 첼암제, 조금 더 남쪽에 오스트리아 최고봉 그로스글로크너가 있다. 잘츠부르크 시 내와 이들 관광지까지 1박2일이면 충분히 돌아볼 수 있다.

호엔잘츠부르크 요새 Festung Hohensalzburg

요새에 올라서면 잘츠부르크 시가지와 멀리 알프스 산맥까지 시원하게 보인다.

잘츠부르크 요새는 잘자크 강변의 높은 바위산 위에 세워진 방어용 요새로 유럽에 서도 손꼽히는 규모라고 한다. 요새는 군사적 목적과 함께 지역을 다스리던 왕의 권 위를 세우기 위해 만들어졌지만, 실전에 사용된 적은 없었으며 왕은 시내에 있는 '레 지던스'에서 평화롭게 살았다고 한다. 요새가 처음 세워진 것은 11세기 무렵이었고 그 후 증축과 개축을 거쳐 1500년 경 지금과 같은 형태를 갖추게 되었다고 한다. 요 새는 걸어 올라갈 수도 있지만 더운 여름날 경사가 급한 언덕길을 올라가는 것은 적 잖이 지루하고 힘들다. 박물관 입장이 포함된 후니쿨라 표를 끊고 가면 편하다.

1 2 3 요새에는 여기저기 구경할 것도 많다. 4 성벽 위에 자리 잡은 레스토랑도 잘츠부르크 요새의 명소다. 더운 여름날 시원한 나무그늘에서 시원한 경치를 보며 시원한 맥주나 음료 한잔 마시는 기분도 썩 좋다. 5 잘츠부르크 요새는 후니쿨라를 타고 올라가고 내려오므로, 다른 성들처럼 힘들게 걷지 않아도 된다. 6 7 호박돌 장신구도 잘츠부르크 요새의 명물이다. 요새 구경이 끝나고 내려올 때 기념품 판매점을 지나가도록 되어 있다.

영업시간	10~4월 09:30~17:00
	5~9월 08:30~20:00
입장료	12.6유로 (후니쿨라와 박물관 포함)
시내 주차장 좌표1	47°47'52.7"N 13°03'04.3"E
시내 주차장 좌표2	47°47'50.4"N 13°03'08.6"E
웹사이트	www.salzburg-burgen.at

잘츠부르크의 과일가게

5월의 잘츠부르크는 더할 수 없이 화창했으며 여행
성수기를 비껴간 한가함이 가득했다.

한가한 거리를 걷다가 마음에 드는 모자도 하나 사
서 쓰고 광장에 열린 마을 시장에 구경에 나섰다.

파는 사람도 사는 사람도 그리 많지 않은 시장에 줄
맞추어 진열된 과일이 그림처럼 단정하다.

과일가게를 지키고 있는 주인 여자의 얼굴이 눈에
들어왔다.

참 아름다운 얼굴이다. 뭐랄까, 간단하게 설명하기
어려운 여유가 배어 있는 얼굴이었다. 돈이 많다고
누구나 가질 수 없는 여유와 나이를 먹는다고 저절
로 얻어지지 않는 편안함이 느껴졌다.

지금도 잘츠부르크를 생각하면 아름다운 도시와
함께 그 여자의 얼굴이 떠오른다.

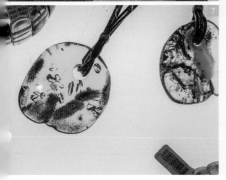

게트라이데거리 Getreide gasse

잘츠부르크의 구시가도 범위가 매우 작아서 잘츠부르크 대성당에서 모차르트 생가를 지나 게트라이데거리(Getreide gasse) 끝까지 간다 해도 500m 남짓이다. 구경할 만한 상점이나 레스토랑들은 이 안에 모두 있다.

잘츠부르크에서 가장 유명한 관광명소는 모차르트 생가다. 유럽에는 베토벤의 생가도 있고 바흐의 생가도 있지만 이곳만큼 유명하지는 않은 것 같다. 모차르트를 좋아하거나 좋아하지 않거나 혹은 그의

음악을 전혀 모르는 사람도 이곳은 반드시 들러 간다. 그러나 정작 건물 안으로 들어가는 사람은 별로 없는 것 같다. 모차르트의 '찐팬'이 아니라면 들어가도 특별한 볼거리가 있는 건 아니라고 알려져 있다. 잘츠부르크 도심에서 가장 즐거운 일은 다양한 상점을 구경하고 마음에 드는 물건을 사는 일일 것 같다. 오스트리아는 유럽에서도 '클래식한 느낌'의 나라이지만 잘츠부르크의 상점을 구경하면서는 그런 느낌이 더 강하게 든다.

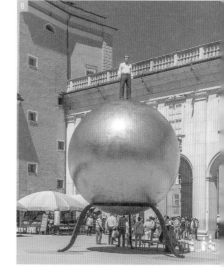

1 2 노란색의 모차르트 생가 건물은 한눈에 알아볼 수 있다. 3 4 어린 모차르트가 영세를 받았으며 오르간 연주도 했다는 잘츠부르크 대성당. 제대 위 천장부는 웅장한 돔으로 되어 있고 흰색 벽과 붉은색 벽화가 온화한 느낌을 준다. 5 6 대성당이 있는 광장 주변으로는 기념품점과 옷가게 등이 있다. 7 상가 거리에 숨어 있는 미술품을 만나는 즐거움도 있다. 8 2007년 잘츠부르크 시내의 카피텔 광장(Kapitelplatz)에 세워진 '스파에라Sphaera'. 영어로 하면 'Sphere 구'라는 뜻이다. 구 위에 서 있는 저 남자가 모차르트라고 한다.

잘츠부르크 거리의 악사

잘츠부르크 도심의 골목길에서 바이올린을 연주하고 있는 아가씨를 만났다. 골목을 가득 채운 그녀의 바이올린 연주는 거침없고 화려했으며 거리를 특별하게 만드는 힘이 있었다. 가던 길을 멈추고 서서 그녀의 연주에 빠져들었다. 바이올린 연주를 그렇게 가까이에서 들었던 적도 별로 없었지만 바이올린 하나만으로 그렇게 다양한 감정을 표현할 수 있다는 것을 그때 처음으로 느꼈던 것 같다. 거리의 악사와 공연꾼들을 보는 것도 유럽여행의 큰 재미다.

서울 인사동에서 보았던, 파란 눈의 바이올리니스트가 생각난다. 철 지난 코트를 걸친 중년남성의 연주 실력은, 연주라고 하기에도 민망한 수준이었고 성의도 없었지만, 그 남자는 출근하듯 매일 그 자리에 나와서 바이올린을 들었다.

놀라운 것은 그 사람이 심심치 않게 돈을 번다는 사실이었다. 공손한 손길로 천 원짜리 지폐를 내는 아이들을 봤을 때는 다소 언짢은 기분이 들기도 하더니, 만 원짜리 지폐를 놓으며 꾸벅 인사까지 하고 가는 중년여성을 본 날은 나도 모르게 부아가 치밀기도 했다.

서울에서도 오디션을 통해 수준을 갖춘 국악 연주자를 뽑고, 목 좋은 관광지에서 연주할 수 있도록 허가해주는 제도를 시행한다면 일석삼조, 여러 모로 좋은 일일 텐데 서울엔 그런 게 왜 없을까?

켈슈타인하우스 Das Kehlsteinhaus

나치 정권이 여름 별장으로 사용하기 위해 많은 돈을 들여 지은 건물로 지금은 레스토랑으로 쓰인다. 그때 들인 돈을 지금의 화폐가치로 따지면 약 1천7백억 원쯤이라고 하는데 건물 자체는 수수한 편이지만 이곳까지 올라오는 진입로 건설과 바위산을 뚫어 수직 124m의 엘리베이터를 만드는 데 많은 돈이 들었다고 한다.

보통은 히틀러의 50세 생일선물로 바쳐진 건물이라고 알려져 있지만, 켈슈타인하우스는 이를 극구 부정한다. 히틀러의 50세 생일은 1939년이었는데 이 건물이 완공된 것은 1938년이라며 이 아름답고 멋진 곳을 히틀러와 연결 짓지 말아주기를 바란다. 나치 패망 후 연합군이 이곳의 지하저장고를 열었을 때 프랑스를 비롯해 유럽 각지에서 약탈해온 수십만 병의 고급술이 천장까지 가득했다고 한다.

사람 죽이는 걸 취미쯤으로 여기던 나치들도 경치 좋은 이곳에 올라와서 고급술 마시면서 풍류를 즐겼다고 하니, '잔악한 나치의 산교육장'이라는 켈슈타인하우스의 주장이 틀린 것도 아니라는 생각이 든다.

잘츠부르크 시내에서 차로 출발하면 산 아래 셔틀버스 주차장까지 30분 정도 걸린다.

운영기간 5월 초순~10월 말 (겨울에는 문을 닫는다)
입장료 성인 28유로 (버스와 산 정상의 엘리베이터 포함)
주차장 좌표 47°37'50.5"N 13°02'29.0"E

교통 산 아래 주차장에 차를 두고 셔틀버스를 이용해 올라가야 한다. 버스는 08:45~16:00 사이 25분마다 출발하며 내려오는 버스는 16:50에 끝난다. 매표소는 산 아래 주차장 도로변 건물에 있다.

그로스글로크너 Großglockner ★★

한여름에도 그늘진 곳에는 눈이 남아 있다.

해발 3,798m의 그로스글로크너는 동알프스, 오스트리아에서 가장 높은 산이다. 험준한 산맥의 한가운데 있고 진입도로도 없으므로 일반인이 접근하기는 어렵다. 그 대신 그로스글로크너의 웅장한 경치를 보면서 드라이브를 즐길 수 있는 방법이 그로스글로크너 호흐알펜스트라세(Großglockner Hochalpenstraße) 드라이브 코스다.
총 연장 48km의 산악도로는 1935년 개통되었는데 여러 곳에 전망대와 휴게소가 있고 주차장도 넉넉히 갖추고 있어 드라이브하기 좋다. 산악도로는 유료도로여서 입장료를 내고 들어가야 하며 눈이 쌓이는 겨울철(11~4월)에는 문을 닫는다.

1 산굽이를 돌고 돌아 정상에 오르면 동알프스의 웅장한 산악경치가 눈앞에 펼쳐진다. 2 3 중간중간 쉬어갈 수 있는 곳도 있다. 4 전망대 뒤에 있는 에델바이스산(Edelweissspitze)까지도 차를 타고 올라갈 수 있다. 5 여러 산봉우리들의 정확한 위치를 알려주는 조준경도 있다.

운영기간 5~10월 (겨울철에는 도로가 통제되며 운영 기간 중에도 눈이 쌓이면 통제된다)

운영시간 05:30~21:00(6월 1일~8월 31일), 06:00~19:30(그 외 기간) 입장은 마감 45분 전까지 가능

통행료 차 한대당 38유로

첼암제 **Zell am See**

첼 호숫가에 있는 작은 마을 첼암제는 오스트리아 사람들이 아끼는 호숫가 휴양지로 야영장, 공원 산책로 등이 있어 여름이면 많은 사람들이 찾아온다. 그러나 투어링하는 외국인 관광객들에겐 딱히 할 일이 없어 보인다.

첼암제는 산 위에서 보는 경치가 유명한데 이 경치를 보려면 이 일대에서 딱 한 군데, 호숫가 산 중턱에 있는 미테르베르그호프(Mitterberghof) 호텔로 올라가야 한다. 호텔로 가면 마당에서 좋은 경치가 보이고 호텔에서 도로를 따라 조금 내려와서 보는 경치도 좋다. 호텔로 올라가는 길은 폭 좁은 산악도로이며 주차할 공간도 마땅치 않으므로 운전에 주의해야 한다.

1 호숫가 산책로 2 미테르베르그호프 호텔 마당에서 보는 호수경치가 유명하다. 3 첼암제에서 자동차로 20분쯤 들어가면 스키리조트로 유명한 키츠슈타인호른(Kitzsteinhorn)이 있다. 해발 3천미터 지점까지 케이블카가 놓여있고 Gipfel Welt 3000 전망대에서 보는 경치가 일품이다. 겨울이면 스키장으로 여름에는 전망대로 찾아오는 사람들이 많다.

첼암제 전망

호텔 마당	47°20'20.3"N 12°49'41.6"E
중간의 전망 좋은 곳	47°20'11.9"N 12°49'24.6"E

Gipfel Welt 3000 전망대

케이블카	08:00~16:00 (계절에 따라 운행시간 다름. 홈페이지 확인)
요금	성인 48유로
케이블카 주차장	47°13'43.9"N 12°43'38.4"E
웹사이트	www.kitzsteinhorn.at

Avenida Panorama Suites Kaprun

첼암제 가까운 '카프룬' 마을에 있는 이 숙소는 스키어들을 위해 지어진 통나무집이다. 주변에 스키장이 많아서 겨울철이 성수기이며 여름은 비교적 한가한 편이다. 세 개 동으로 이뤄진 숙소는 모두 주방 딸린 아파트 형태인데 2인~4인실까지 있다. 조식도 훌륭하다.

1 아침 늦게까지 단잠을 잘 수 있었던 아늑한 침실과 전자레인지와 각종 조리도구, 커피메이커와 세제까지 완벽하게 구비된 주방 2 테라스에 깔린 잔디가 마을과 산봉우리까지 시야를 연결해준다. 자연환경을 활용한 센스에 감탄이 나온다. 산 공기가 제법 쌀쌀했지만 앉아있는 것이 너무나 행복했던 테라스다. 3 친절한 직원을 따라 룸에 들어서는 순간 나도 몰래 탄성이 나왔던 룸 내부. 창문에 담긴 바깥 풍경이 한 폭의 그림 같다. 4 5 그리고 우리를 기다리고 있던 정갈한 조식. 질 좋은 치즈와 유기농 유제품들, 각종 과일과 다양한 종류의 빵 등등 하나씩 다 먹어보고 싶은 욕심에 과식하게 되었던 완벽한 조식이었다.

시설	2인~8인 아파트
요금	2인 아파트 비수기 기준 200유로 (무료주차. 조식 포함)
호텔좌표	47°15'47.1"N 12°44'54.8"E
웹사이트	www.panoramasuites.at

할슈타트 Hallstatt

할슈타트(Hallstatt)는 1997년 유네스코 문화유산으로 등재된 유서깊은 마을이다. 유네스코에 등재될 수 있었던 이유는 역사적 가치가 있는 '소금광산'이지만 관광객들에게는 소금광산보다도 호숫가 마을이 더 유명하다. 유럽에서는 어쩌면 흔히 볼 수 있는 마을

1 2 마을의 대부분은 호텔과 레스토랑, 기념품점으로 되어 있다. 이곳 특산물인 소금을 파는 집도 있다. 3 마을 한가운데쯤 자그마한 광장이 있다. 이곳이 할슈타트의 중심이다.

의 모습일 수도 있지만 외국인들에게는 참으로 이국적이고 훌륭한 풍경이어서 동아시아 사람들에게 특히 인기가 있다. 중국에는 이 마을을 똑같이 모방해 만든 '가짜 할슈타트'도 있다고 하는데 뒤늦게 이를 안 오스트리아 할슈타트에서 처음엔 불쾌한 반응을 보였다가 나중엔 두 도시가 자매결연까지 맺었고 그 후 중국 관광객들이 더 많이 찾아오게 되었다고 한다. 지금도 이곳을 찾는 관광객의 절반 이상은 중국인들이다.

호숫가 산비탈에 자리 잡은 마을의 규모는 아주 작아서 천천히 돌아보아도 한 시간이면 충분하다. 마

을 전경을 보는 것 외에 특별한 관광포인트는 없다. 마을 구경을 한 다음 등산열차를 타고 마을 뒤에 있는 소금광산을 다녀와도 좋고 차를 몰고 파이브핑거스 전망대를 다녀와도 좋다. 둘 중 하나를 고르라면 파이브핑거스 전망대.

파이브핑거스는 대중교통편도 없고 단체관광객도 오지 않는 곳이어서 언제 가더라도 여유 있게 산책하고 즐길 수 있다. 전망대는 케이블카를 두 번 갈아타고 올라가서 산등성이 길을 20분쯤 걸어가야 나오는데 걸어가고 오는 동안의 경치가 시원해서 지루하지 않다.

4 할슈타트 마을에서 등산열차를 타고 올라
가는 전망대도 있지만 자동차로 5분쯤 떨어
진 곳에 있는 5핑거스 전망대로 가면 더 멋
진 경치를 볼 수 있다. 5 할슈타트의 전통
적인 뷰포인트는 마을 북쪽 끝에 있다. 구글
지도에서 'Haus Cian'으로 검색해서 그 호텔
(펜션)까지 가면 호텔 문 잎에서 경치가 보
인다. 6 전망대는 케이블카를 두 번 (갈아)
타고 올라간다. 표는 현장에서 직접 구매하
면 된다. 7 케이블카에서 내려 전망대로 가
는 길. 경치가 좋고 기분이 상쾌해서 힘들거
나 지루하지 않다. 8 아찔한 절벽 위의 전
망대 9 호수에는 백조가 산다.

할슈타트 주차

할슈타트는 호숫가 비탈에 자리 잡고 있는 오래된 마을이어서 마을 안 길은 좁기도 하고 마을 주민들 이외의 차가 주차할 공간도 마땅치 않다. 마을 뒤 터널 안에서 들어가는 주차장도 있지만 찾아가기가 쉽지 않고 주차장도 좁다. 마을 아래 넓은 공간에 마련된 P1, P2 주차장을 이용하는 것이 좋다. 주차장에 차를 두고 천천히 마을 구경하며 뷰포인트까지 갔다온다 해도 30분이면 족하다.

주차장2 좌표	47°33'19.1"N 13°38'43.9"E
주차장1 좌표	47°33'09.9"N 13°38'55.8"E

파이브핑거스 전망대

여름철 케이블카 운영기간	4월 말~10월 말
(11~12월, 4월 중에는 다음 시즌을 위한 준비기간 으로, 케이블카 운행을 하지 않는다)	
운행시간	08:45~17:00 (15분 간격)
요금	성인 왕복 31유로

케이블카는 세 구간으로 운영하는데 전망대를 가려면 세 구간 모두 이용가능한 표를 사야 한다. 겨울에는 일대가 모두 눈으로 덮이며 스키장이 된다. 눈 내린 산길도 테니스 라켓처럼 생긴 '스노슈'를 빌려 신고 전망대까지 갔다올 수는 있지만, 실제 그렇게 하는 사람은 별로 없다.

Seehotel am Hallstattersee

할슈타트 호숫가 마을에도 호텔과 펜션 등 숙소가 많지만 주차장이 없는 집도 많고 요금도 비싼 편이다. 할슈타트 호수 건너편의 오베르트라운(Obertraun) 마을로 가면 훨씬 여유로운 분위기의 '가성비' 높은 숙소를 구할 수 있다. 일반 호텔, 펜션들도 있고 아파트형 숙소들도 있다. 오베르트라운 마을은 관광객들로 붐비는 할슈타트 마을보다 훨씬 여유롭고 호수의 경치도 멋지다. 오베르트라운에서 할슈타트 마을 입구 주차장까지는 자동차로 2~3분밖에 걸리지 않는다.

1 넉넉한 크기의 패밀리 룸 2 베란다로 나가는 유리문에 담긴 경치가 그림보다 시원하다. 3 욕실도 널찍하고 시원하다. 4 베란다에서 보이는 풍경 5 호텔에서 몇 걸음 걸어 나가면 한적하기 그지없는 호숫가 공원이 나온다. 호숫가 벤치에 앉아 산봉우리에 걸린 노을과 산 그림자가 담긴 호수를 바라보고 있자면, 머릿속의 온갖 생각이 싹 비워지는 듯한 힐링을 경험할 수 있다.

시설	2인~4인실 (주방 없음)
요금	4인실. 호수 전망 비수기 기준 120유로 (무료주차)
호텔좌표	47°33'34.4"N 13°40'44.3"E

체코

CZECH
REPUBLIC

체코는 동유럽 여행의 핵심이다. 로마와 견주
어지는 대도시 프라하도 있고 동화속 마을을
연상시키는 체스키크룸로프도 동유럽 여행
자라면 누구나 가는 여행명소다. 특히나 동유
럽 자동차여행자에겐 시작과 끝 지점으로 체
코의 프라하가 안성맞춤이다. 한국인들이 선
호하는 오토차종도 많이 갖추고 있고 렌트비
도 다른 나라에 비해 저렴하며 동유럽 여러 나
라를 보험 제약 없이 자유롭게 여행할 수 있기
때문이다. 동유럽에선 산업화에 가장 앞서 있
는 나라이며 여행인프라도 잘 갖춰져 있어서
자동차여행자들에겐 불편한 점이 전혀 없다.

프라하 Prague

체코는 유럽 대륙의 한가운데에 자리 잡은 내륙국으로 국토의 면적은 남한보다 조금 작고 인구는 1천만 정도 되는 나라다. 제2차 세계대전이 끝나면서 공산국이 되었다가 가장 먼저 이를 벗어났다. 동유럽에서는 민주화와 산업화에서 가장 앞선 나라로 1인당 GDP도 2만 달러가 넘는다.

체코의 중서부 지역을 '보헤미아' 지방이라고 한다. '보헤미안'은 '집시'와 같은 의미의 떠돌이를 말하지만 정작 이 지역의 체코 원주민들은 떠돌이가 아니다. 인도 북부에서 시작되었을 것으로 추정하는 유랑민들이 유럽 여러 지역으로 흘러들어 왔는데 그중 체코 보헤미아 지방으로 들어와 살던 무리가 가장 유명해서 '보헤미안'으로 불리게 되었다고 한다.

프라하는 한때 신성로마제국의 수도였으며 독일, 오스트리아, 헝가리 제국의 여러 왕조를 거치며 다양한 문화유산을 지니게 되었다. 유럽에서 벌어졌던 여러 차례의 전쟁에서도 비껴갈 수 있어서 옛 건물과 문화유산이 어느 도시보다도 많이 보존되어 있는 도시다.

프라하 시의 인구는 130만 명 정도이며 광역도시권 인구를 다 합치면 200만 명이 넘어 유럽에서는 손꼽히는 대도시다. 관광객 수도 매우 많아서 연간 방문자 수가 로마 다음으로 많은데 그 중에 한국인 관광객 수도 1년에 50만 명을 넘어 아시아에서는 중국이나 일본인 관광객보다 많다고 한다.

프라하의 기후는 한국과 거의 비슷해서 여름엔 덥고 겨울엔 매우 추워서 얼음이 어는 날도 많다.

세계인들이 즐겨 찾는 프라하의 대표 관광지는 크게 두 지역으로 나뉘는데 천문시계와 얀 후스 동상이 있는 '올드타운', 그리고 성 비투스 대성당과 왕궁, 황금소로 등이 있는 '프라하성'이고 이 두 지역을 연결하는 카를교가 프라하의 대표 관광지다.

관광지 사이의 거리가 멀지 않으므로 아침부터 서둘러 다닌다면 하루에도 모두 돌아볼 수 있지만 그러기엔 너무 바쁘고 힘이 들므로 최소한 1박2일은 필요하고 2박3일 잡으면 여유 있게 돌아볼 수 있다.

올드타운 지역 Old town

1 얀 후스 동상이 있는 올드타운 광장. 프라하 관광의 중심이다. 뾰족탑이 있는 건물은 성당 건물이다(틴 성모마리아 성당). 2 로마 가톨릭의 부패에 반기를 들었던 종교개혁가 안 후스는 체코인들이 가장 존경하는 인물이라고 한다. 동상은 지금으로부터 100년쯤 전에 체코에서 가장 많은 사람들이 왕래하는 광장에 세워졌는데 동상 아랫부분에 적혀 있는 문장은 "서로 사랑하세요. 사람들 앞에서 진실을 부정하지 마세요"라는 뜻이라고 한다.

3 15세기에 만들어진 프라하의 천문시계는 세계에서 가장 오래되고 멋진 시계다. 시계는 옛 시청사 건물 벽면에 만들어져 있는데, 위쪽에는 시각과 함께 해와 달의 위치 등 천문 정보가 표시되고, 아래쪽은 달력이다. 매시 정각에는 시계 위쪽에서 12사도 인형이 등장하는 쇼도 보여준다. 쇼는 잠깐이면 끝나므로 보고 나면 허무하다. 그러나 시계 앞에는 이 쇼를 기다리는 사람들로 언제나 붐빈다. 4 5 6 올드타운의 얀후스 광장 주변에는 재미있는 것들도 많다. 7 하벨 시장(Havelske trziste)에 들러 여러 가지 기념품을 구경하는 것도 재미있다. 지하철 A, B선 무스테크(Mustek) 역에서 내려 올드타운 광장으로 조금 가다 보면 나온다. 8 '섹스머신 박물관(Sex Machines Museum)'도 올드타운에서 인기 있는 성인(?) 관광지다. 하벨 시장에서 천문시계 쪽으로 조금 걸어가면 길가에 있다.

섹스머신 박물관

운영시간	10:00~19:00 (연중무휴)
입장료	250코루나 (18세 이상만 입장)
웹사이트	www.sexmachinesmuseum.com

카를교 일대 Karluv most

1 카를교(Karluv most)는 프라하 왕궁과 시내를 연결하는 중요한 다리로, 15세기 초 지금과 같은 모습으로 완성되었다고 한다. 다리 양쪽으로는 예수와 마리아를 비롯해 여러 성인들의 조각상이 늘어서 있는데 조각상들은 17~20세기에 이르기까지 하나씩 세워진 것이라고 한다. 다리에는 기념품을 파는 노점도 있고 거리의 화가, 거리의 악사들도 있다. 2 3 카를교에서 가장 인기 있는 조각상은 네포무크 성인(Sv. Jan Nepomuk)이다. 네포무크 성인은 왕실의 사제였는데, 왕비의 고해성사 내용을 알려달라는 왕의 요청을 끝내 거절해서 처형당했다고 한다. 조각상 아래에는 그 일화를 담은 청동 부조가 있는데, 이 부조를 만지면서 소원을 빌면 이루어진다는 전설이 있다. 많은 사람들이 이 부조를 만지면서 소원을 빌지만, 사실 카를교에 있는 조각상은 모조품이며 진품은 박물관에 보관되어 있다고 한다. 그러나 믿는 것은 믿는 사람 마음이므로, 진품이든 모조품이든 효과 여부는 차이가 없을 것 같다.

4 브리지 타워에서 본 카를교와 프라하성. 탑 위는 자리가 비좁아서 최대로 보아 20명 정도가
올라가면 발 디딜 틈이 없다. 탑 위에서 야경 사진을 찍으려면 미리 올라가서 기다리는 수밖에
없다. 그러나 강가에서는 어디서나 자유롭게 야경을 볼 수 있으므로, 탑 위로 올라가기에 실패
했다면 지체하지 말고 내려와서 강변도로를 따라 남쪽으로 내려가면 된다. 도로변 어디에서
나 멋진 야경을 볼 수 있다.

5 카를교의 동쪽 끝에는 종탑 같은 건물(Staromestska mostecka vez)이 서 있다. 영어식 이름은 '올드타운 브리지 타워'. 위로 올라가려면 입장료를 내야 하는데, 들어가도 특별한 것은 없으므로 평소에는 사람이 많지 않다. 그러나 이곳은 프라하 제일의 야경 촬영 명소여서, 해 질 무렵이 되면 입장객이 많아지고 좋은 자리를 차지하기 위한 경쟁도 치열하다. 청동 지붕 있는 곳까지 올라갈 수 있고 이곳에서 보는 블타바강과 카를교로 이어진 프라하성의 경치가 가장 좋다. 6 카를교에서 레논벽을 갈 때는, (프라하성 방향으로) 다리가 끝나는 무렵쯤에 있는 계단을 내려가면 쉽게 갈 수 있다. 계단을 내려와 골목을 돌아가면 연인들의 다리가 나오고 다리를 건너 조금만 더 가면 오른쪽에 레논벽이 나온다. 7 레논벽(Lennonova zed). 체코 민주화운동의 역사를 간직하고 있는 벽이다. 8 연인들의 다리. 수많은 연인들이 이곳에서 사랑의 다짐을 하지만, 열쇠뭉치가 난간에 가득 차면 시에서 모두 끊어서 고철로 가져가는 것으로 짐작된다. 레논벽과 연인들의 다리의 공통점은 끈질김? 9 레논벽에서 연인들의 다리를 지나 카를교쪽으로 조금 가면 길가에 '존 레넌 펍'도 있다. 들어가 보진 않았지만 음식이 많이 짜서 먹기 힘들었다고 하는 사람들이 많다.

올드타운 브리지 타워

운영시간	09:00~21:00(6~8월), 그 외 기간에는 앞 뒤로 한시간씩 줄어듦.
입장료	150코루나
웹사이트	https://www.prague.eu/ko

레논벽

1980년대에 이르기까지 체코에는 정치적 자유가 허락되지 않았으며 서구의 팝음악도 마음대로 들을 수 없었다고 한다. 체코 사람들은 존 레논의 음악을 자유의 상징처럼 여기며 좋아했는데 존 레논의 피살 소식은 체코 사람들에게 특히 큰 충격을 주었다고 한다.

그가 죽었을 때 이 벽에 존 레논의 초상과 함께 자유, 평화 같은 정치적 구호들이 그래피티로 그려졌다. 정부에서는 체제를 위협하는 불온한 낙서들이라며 이것을 지웠지만 한번 시작된 '반체제 낙서활동'은 멈출 수 없었다. 회를 덧칠해서 지우면 또 쓰고 지우면 또 쓰고… 그것은 1990년 체코에 최초의 민주정부가 들어설 때까지 계속되었다. 1980년대 한국 대학가의 대자보와 같은 역할을 했던 것 같다.

낙서는 누가 규제하는 것이 아니므로 계속 새로워진다. 봄에 보았던 낙서는 여름에 가면 다른 낙서에 덮여지고 다음 해에 가면 또 다른 낙서가 그 위를 덮고 있다. 2016년 겨울에는 '박근혜는 하야하라' 라는 한글 낙서도 있었다고 한다. 벽 앞에서는 노래를 부르는 가수도 계속 바뀐다.

이 벽이 몰타 대사관 벽이고, 대사관은 치외법권 지역이어서 벽의 낙서를 놓아둘 수밖에 없었다는 그럴듯한 이야기도 있지만, 그것은 사실과 좀 다른 것 같다. 몰타 대사관은 이곳이 아니라 올드타운 쪽에 있고 이 건물은 천주교 수도사들의 단체인 몰타기사단의 건물이다. 몰타라는 지명이 들어가는 것은 맞지만 '대사관'이 아니라 '수도회' 건물의 벽이므로 '치외법권'과는 관계가 없다.

'몰타기사단'은 칼 쓰는 기사가 아니라 여러 가지 사회사업을 하는 '천주교 수도회'의 이름이다. 구호단체가 왜 칼 쓰는 기사단의 이름을 가지게 되었는지, 또 몰타라는 이름은 왜 붙었는지에 대해서는 크리스트교의 복잡한 역사가 나와야 하므로 간단히 설명하기는 어렵지만, 중세 때 조직된 기사단으로 지금까지 남아 활동하고 있는 유일한 단체라고 한다. 로마에 본부가 있다.

프라하성 지역 Prague Castle

1 성에서 보는 프라하 시내의 전경도 멋지다. 전망이 가장 좋은 곳에 스타벅스가 자리 잡고 있다. 2 3 성 비투스 대성당. 지금으로부터 대략 1100년쯤 전에 최초의 교회가 들어섰고 지금과 같은 고딕양식의 건물은 14세기부터 짓기 시작했다고 한다. 성당 내부는 다른 대성당과 다름없어 보이지만 '성 바츨라프 소성당'은 호화로운 보석과 금으로 치장되어 있어 성당 관람의 필수코스로 꼽힌다.

프라하성

운영시간	06:00~22:00 (성당 내부는 16:40에 마감)
입장료	250코루나(B코스). 입장권이 없으면 건물 안 구경을 못한다.
웹사이트	www.hrad.cz/cs/prazsky-hrad-pro-navstevniky

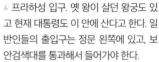

4 프라하성 입구. 옛 왕이 살던 왕궁도 있고 현재 대통령도 이 안에 산다고 한다. 일반인들의 출입구는 정문 왼쪽에 있고, 보안검색대를 통과해서 들어가야 한다.

5 6 황금소로. 장난감처럼 작은 집들이 늘어서 있는 골목이다. 작은 집들은 성에서 여러 가지 일을 하던 인부들의 숙소로 처음 지어졌는데 후에 금은세공 기술자들의 작업실로 사용되며 이 골목이 황금소로로 불렸다고 한다. 지금은 모두 다 기념품점과 소규모 박물관이 되었다. 작가 프란츠 카프카가 2년 동안 작업실로 사용했다는 22번 집이 가장 유명하다. 카프카는 이 집에서 '성(Das Schloss)'을 집필했다고 한다. 7 큰길을 따라 내려가다가 황금소로로 꺾어지려면 안내판을 따라서 골목으로 들어가면 된다. 정문에서 프라하성 입장권을 사지 않았으면 황금소로 입구에서 따로 요금을 내야 한다.

경비병

프라하 왕궁 정문을 지키는 경비병은 정면을 응시한 채 조금도 움직이지 않는다. 그렇지만 경비병의 표정이 미세하게 변할 때가 있다. 자기 옆에서 기념사진을 찍는 관광객이 마음에 들면 눈꼬리가 살짝 내려오고 입꼬리가 살짝 올라간다. 눈으로는 알 수 없고 사진을 찍어서 비교해보면 미세한 차이가 보인다.

8 9 10 로브코비츠(Lobkowicz) 궁전은 프라하의 숨은 관광명소로 중세 체코(보헤미아)의 귀족문화를 볼 수 있는 곳이다. 유네스코 세계 문화유산으로 지정된 프라하성 건물군 중 유일하게 개인소유라고 한다. 로브코비츠 가문은 체코의 유력한 귀족가문으로 16세기 이래 이 궁전에 거주하면서 많은 예술가들을 후원하고 예술품들을 수집했다고 한다.

그 중에는 가문에서 후원하던 음악가 베토벤의 친필 악보도 있다. 궁전은 2차 대전 중에는 나치에, 그 뒤 공산정권이 들어선 다음에는 정부에 압수당했다가 2002년에 가문에 되돌아갔다고 한다. 여러 해 동안의 준비기간을 거쳐 2007년부터 일반에 공개되기 시작했다.

로브코비츠 궁전

운영시간 연중무휴 10:00~18:00

입장료 11유로 (프라하성 입장권과 별도)
10유로를 더하면 음악회가 포함된 입장권을 살 수 있다. 1만원으로 유럽 정통의 궁정음악 연주를 들을 수 있는 기회이므로 놓치면 아깝다. 음악회는 매일 오후 1시부터 1시간 동안 진행된다. 입장권은 현장에서 사도 되고 예매 사이트(www.tiqets.com)로 들어가서 '체코〉프라하〉로브코비츠' 입장권을 예매하고 가도 편하다.

위치 동서로 길게 이어지는 프라하성 건물군의 동쪽 끝에 있다. 황금소로를 내려와서 다시 성 쪽으로 유턴해 경비병이 서 있는 성문을 지나가면 왼쪽에 나온다.

프라하 교통

🚆

과속카메라 주의

프라하 시내에는 과속카메라가 매우 많고 단속도 엄격하게 한
다. 그래서 모든 차들이 제한속도를 정확히 지킨다. 특히 주의
할 구간은 고속도로에서 프라하 시내로 들어가는 길인데 왕복
4차선 자동차전용도로에 제한속도 50km인 구간도 있고 과속
카메라도 100미터마다 하나씩은 서 있는 것 같다.

도심의 주차장

도심지에는 유료주차장이 좀 있지만 프라하성 가까이에는 주
차장 찾기가 어렵다. 도로변 주차장은 일반차량이 주차할 수
있는 구역과 계약된 차들만 주차할 수 있는 전용(거주자우선)
주차구역이 따로 있어서 표지판을 잘 보아야 한다.

지하철/트램

프라하 시내에는 A,B,C 3개의 지하철 노선이 있고 세 개의 노선
모두 올드타운 주변을 지나간다. 노선의 길이가 길지 않고 배차
간격도 짧으므로 지하철만으로도 시내 교통을 해결할 수 있다.

1 이렇게 시간 표시가 되어 있는 구역이 일반 유료 주차구역이다. 이
런 표시가 없다면 거주자 전용구역이므로 차를 대면 안 된다. 이곳
은 08:00부터 20:00까지. 최대 2시간 유료주차라는 뜻이다. 밤에
는? 유럽의 법은 '금지된 것 외에는 모두 자유'다. 따라서 자유롭게
무료주차 할 수 있다. 2 유료주차구역 주변에는 이런 주차기계가 있
다. 여기에 필요한 시간만큼 돈을 넣고 영수증을 뽑아서 차 안에 두
고 가면 된다. 신용카드로도 계산된다. 3 거주자우선 주차구역 바
닥에는 파란색 줄이 있어서 쉽게 알 수 있다. 4 바닥에 × 표시가 있
지만 주차구역을 명확히 알려주는 것뿐이므로 신경 쓸 것 없다.

지하철이 닿지 않는 구석구석은 트램(전차)이 다니는데, 트램과 지하철 모두 같은 승차권으로 (정해진 시간만큼) 탈 수 있다.

승차권은 트램역 주변에 있는 편의점(RELAY)나 담배가게(TABAK), 지하철 역사의 자판기 등에서 살 수 있고 30분(24코루나), 90분(32코루나), 1일(110코루나), 3일권(310코루나)이 있다.

주의할 점은 기계에 표를 집어넣어서 개찰 시간을 프린팅하고 타야 하는 점이다. 개찰 시간이 제대로 찍혀 있지 않은 표는 부정승차로 간주되고 이따금 표 검사하는 사람에게 걸리면 많은 벌금을 문다. 지하철은 승강장 입구에, 트램은 차에 올라가면 표를 집어넣는 기계가 있다.

프라하성

프라하성은 언덕 위에 있어서 더운 여름날 걸어 올라가는 것도 쉽지 않지만 프라하성 주변에는 주차장도 별로 없고 빈자리가 없을 때가 많으므로 트램을 타고 가는 것이 편하다.

22번, 23번 전차를 타고 '프라하성(Pra.sky hrad)' 정거장에서 내리면 왕궁 입구(후문)까지 2~3분 거리. 22, 23번 전차는 지하철 A선 말로스트란스카(Malostranska) 역에서 내려 지상으로 올라가면 바로 갈아탈 수 있다.

추천 주차장 좌표 : 50°05'15.8"N 14°23'24.2"E

이곳에 차를 대면 왕궁 입구(정문)까지 걸어서 6~7분 정도 걸린다. 최대 6시간까지 주차할 수 있다.

5 프라하 지하철도 깨끗하고 편리하다. 6 지하철이 닿지 않는 곳은 트램으로 다니면 된다.

추천
숙소

Rezidence Vysehrad

프라하 시내의 한적한 주택가에 위치한 레지던스다. 모든 룸에 주방 시설이 갖춰져 있고 냉장고에도 여러 종류의 음료와 술이 무료로 제 공되고 있다. 건물 지하에 무료 주차장이 있고 호텔에서 3분 거리에 지하철역이 있으며 지하철을 타고 10분이면 도심에 도착할 수 있어 자동차 여행자에게 적합한 곳이다.

지하 주차장 입구가 급경사로 되어 있는데 주차장 입구의 경사로에 차를 세우고 인터폰으로 프런트에 연락하는 것이 조금은 부담스럽다. 도로변에 차를 대고 프런트로 가서 주차장 문을 열어달라고 한 뒤, 차 를 주차하고 올라가는 것이 편하다.

1 야외 테이블이 놓인 발코니로 나가면 사람들 이 오가는 동네 풍경이 내려다보인다. 2 규모 가 꽤 있는 호텔이다. 3 4 냉장고에는 먹을 만 한 음료들도 충분히 있고 식탁에는 와인도 한 병 있다. 모두 무료. 5 주방시설도 불편함이 없 게 갖춰져 있다.

시설	2인~4인실 (주방 있는 스위트룸)
요금	2인실 비수기 기준 130유로 (주차 무료)
좌표	50°03'44.3"N 14°25'29.7"E
웹사이트	www.rezidencevysehrad.com

고객의 의무

예약해두었던 체스키크룸로프의 숙소에 도착한 것은 이미 해가 저문 뒤였다. 여행객이 뜸해진 비수기의 한적한 마을에서는 어쩐지 쓸쓸한 기운마저 느껴졌다.

예약해놓은 숙소로 찾아갔다. 하지만 문은 굳게 닫혀 있었고 메모 한 장 붙어 있지 않았다. 응답 없는 벨을 눌러보며 서성이자니 난감했던 기분이 점점 불쾌함으로 변해갔다. 예약을 받아놓고 문을 닫으면 어쩌라는 거야…

예약했던 사이트에서 전화번호를 찾아 전화를 시도해보았지만 전화 연결도 쉽지가 않다. 날은 점점 어두워지고 인적이 끊긴 숙소 주변은 세차게 흐르는 강물 소리만 점점 더 커지는 것 같다. 이런저런 시도 끝에 간신히 주인과 전화 연결이 되었다.

전화를 끊고도 한참을 기다렸더니 퉁명스러운 표정의 중년여성이 열쇠를 가지고 나타났다. 우리는 문이 잠겨 있던 것에 대해 불만이 많았지만, 숙소주인은 주인대로 인사도 없이 문을 열어주며 우리를

타박하는 눈치다. 서로의 감정이 그런 상태에서 긴 이야기 해봐야 언성만 높아질 것 같아 서둘러 열쇠를 건네받고 주인을 보냈다.

그런데 가방을 끌고 계단을 올라가며 뭔가 짚이는 생각이 있었다. 우리는 이 숙소를 일반 호텔로 생각했고 저녁시간에 체크인 하는 것에 대해서는 크게 신경쓰지 않았다. 그런데 와서 보니 여기는 직원이 상주하는 호텔이 아니라 소규모 펜션이었고 저녁에는 주인 없이 숙박 손님들만 머무는 곳이었다.

일하는 사람들도 퇴근 시간이 정해져 있으니 체크인 가능 시간도 적혀 있었을 것이고, 늦게 될 경우 사전 연락을 달라는 안내가 어딘가에 있었을 것이다.

아뿔싸… 저 숙소 주인은 어쩌면 우리 때문에 가족들과의 저녁 식사를 망쳤을지도 모르겠네…

여행을 하면서 언짢았던 경험은 오래도록 쓸쓸하게 남게 되지만, 지나고 보면 그런 불상사의 대부분이 어쩌면 나의 무신경이나 불찰에서 빚어진 일은 아니었을까 생각하게 된다.

렌터카 영업소

프라하 공항 픽업/반납

1. 프라하 공항은 별로 크지 않아서 대합실 구조도 간단하다. 짐가방을 찾아 입국장 대합실로 나오면 건물 밖으로 나가는 문이 바로 있다. 문 위에 'CAR RENTAL' 안내판이 보인다.

2. 대합실을 나오면 길 건너편에 주차 빌딩이 보인다. 주차 빌딩은 일반차량과 렌터카가 함께 쓰므로 반납할 때도 이 주차 빌딩으로 들어가면 된다.

3. 주차장 건물 1층에 바로 렌터카 영업소들이 있다. 해당 렌트사 카운터 앞에 가서 줄을 서면 된다. 여기서도 허츠 골드회원은 골드회원 카운터로 가면 기다리지 않고 바로 차 키를 받을 수 있다.

4. 허츠렌터카 주차장

5. 프라하 공항은 규모가 크지 않고 안내판 정리가 잘 되어 있어 편하다. 차를 몰고 공항 구역으로 들어서면 'Rent a Car' 안내판이 있다. 렌터카 주차장은 1, 2터미널 도착층 앞에 있는 'Parking C' 구역이다.

6. 주차빌딩으로 들어가면 렌트사별 반납구역이 나뉘고, 해당 렌트사 구역으로 가면 된다.

반납장 입구 좌표 50°06'30.7"N 14°16'15.2"E

시내 영업소 픽업/반납

1 프라하 시내에는 디플로마트(Diplomat) 호
  텔에 허츠 영업소가 있다.
2 호텔 1층 로비에서 오른쪽으로 돌아가면 허
  츠 영업소가 있다.
3 주차장은 호텔 지하 1층에 있다.
4 반납할 때는 호텔 지하주차장으로 들어간다.
5 지하주차장으로 내려가면 반납장 안내판이
  보이고, 차를 대면 직원이 온다.

반납 주차장 좌표 50°05'59.7"N 14°23'20.1"E

체스키크룸로프 Cesky Krumlov

마을의 이름이 Cesky(보헤미아의) Krumlov(강이 굽이쳐 흐르는 지형)라는 뜻을 가지고 있는 것처럼 강이 크게 휘어 돌아가는 지형에 자리잡은 작고 아름다운 마을이다. 마을이 자리 잡은 위치나 동네 이름이나 여러 가지가 한국의 하회(河回)마을을 연상시킨다.

강변의 절벽 위에는 13세기 무렵 지어진 성이 있고 성 아래에는 민가 마을이 자리 잡고 있다. 마을은 중세 이래 무역과 공예가 발달했던 곳이지만 지금은 대부분 관광객을 위한 호텔이나 식당, 상점으로 바뀌었다.

이곳은 보헤미아 영토였지만 주민의 대부분은 독일어를 쓰는(오스트리아계) 사람들이었으며 이들은 2차 대전이 끝나고 강제 추방되기 전까지 이곳의 주류를 이루며 살았다고 한다. 그래서인지 도시의 모습이 오스트리아와 많이 닮은 것도 같다.

1 체스키크룸로프의 으뜸가는 볼거리는 성 위에 올라가서 보는 마을 전경이다. 2 3 성벽을 따라 걷다 보면 여러 가지를 볼 수 있다. 대포도 있고 곰도 한 마리 있는데, 웬 곰? 생뚱맞아 보이지만 예전부터 성의 영주가 곰을 기르던 전통을 지금도 이어가고 있다고 한다.

마을은 반경 200m 안에 모두 들어올 만큼 작아서 한두 시간이면 다 돌아볼 수 있고, 언덕 위의 성과 정원까지 본다 해도 한나절이면 충분하다.

마을에는 오래된 건물을 숙소로 제공하는 '펜션'도 많지만 주차장을 갖춘 곳이 없어서 그 점이 불편하다. 차를 타고 마을 안으로 들어갈 수는 있지만 주차장은 없다. 주차장은 마을에서 400~500m쯤 떨어진 공용주차장을 이용해야 한다.

456 성의 이곳저곳을 구경하며 지나가다 보면
쉬어갈 수 있는 넓은 광장도 나온다. 78 성의
서쪽 끝에 넓은 정원이 있다. 17세기에 지어진
'바로크양식의 정원'이라고 하는데, 베르사유나
쇤브룬 궁전의 정원에 비하면 작은 편이다. 그
래도 걷기에 지루한 것은 마찬가지.

9 10 11 12 마을길을 걸으면서 여기저기 구경하는 즐거움이 있다. 도자공예점도 있고, 아기자기한 기념품점도 있고 마리오네트 인형극 극장도 있다.

13 14 에곤 쉴레 미술관은 마을에서 가장 유명한 장소일 것이다. 그의 그림을 좋아하는 사람들도 있지만 느낌이 어두워서인지 대중적으로 크게 인기 있는 것 같지는 않다.

체스키크룸로프 주차

체스키크룸로프 마을 안에는 주차장이 없다고 보면 된다. 마을 안 길은 모두 일방통행 좁은 도로이고 중앙광장을 비롯해 넓은 마당이 몇 군데 있지만 그곳은 지역 주민들의 생계형 주차장으로 쓰기에도 부족하다.

마을 안에 숙소를 잡아도 자체 주차장을 갖춘 숙소는 거의 없어서 마을 주변의 공용주차장을 이용해야 한다. 그래서 숙소에 짐을 내린 후 공용주차장까지 가서 차를 두고 걸어와야 하는 불편이 있다. 숙소를 떠날 때도 마찬가지다.

마을 주변에는 시에서 운영하는 공용주차장이 세 군데 있는데, 목적지가 어디인가에 따라 주차장 위치는 달라진다.

언덕 위 성을 가려면 P1 주차장, 성 아래 마을에 숙소가 있다면 P3 주차장이 가깝다. P2 주차장도 있지만 마을이나 성까지의 거리가 멀어서 나쁘다.

P1 주차장 좌표	48°48'51.3"N 14°18'47.4"E
P3 주차장 좌표	48°48'25.8"N 14°19'04.3"E

1주차장. 체스키크룸로프 성과 마을 주변에는 이런 주차장이 4~5군데 있다.

여권(女權)

체스키크룸로프에서 뱃놀이 하던 커플을 보았다. 여성은 자신의 몸매에 비해 의상도 자신 있게 입었고, 남자와 대등한 위치에서 주도적으로 자신의 역할을 하고 있었다. 멀리 떨어진 다리 위에서 이들을 보았을 뿐이므로 이들에 대해 더 자세한 것은 모른다. 그러나 여성은 매우 당당한 느낌을 주었고 그녀의 당당한 태도는 섣부른 성적호기심 따위는 생각할 수 없게 하는 힘이 있었다.

시대가 변하며 많이 나아지긴 했지만 지금도 존재하는 '여성차별'에서 벗어나는 가장 확실한 길은 여성 스스로가 당당해지는 것이 아닐까 싶다. 모자라지도 넘치지도 않게 스스로를 남성과 대등한 위치에서 생각하고 행동하기. 어려서부터 그런 대접을 받으며 성장한 여자들은 어른이 돼서도 스스로를 그런 존재로 생각하며 어디에서든 그런 대접을 받을 것이다. 스스로 당당한 사람은 남녀를 떠나서 누구도 함부로 하지 못하는 법이므로

신나는 세상

체스키크룸로프 성을 구경하고 있을 때 어떤 가족을 보았다.

예닐곱 살쯤으로 보이는 꼬마는 얼핏 보기에도 무척 활발한 녀석이었는데, 함께 가던 엄마 손을 뿌리치고는 호기 있게 성벽에 달라붙더니 기어 올라간다고 애를 썼다. 그렇지만 몇 걸음 올라가지 못하고 도로 내려왔다. 쉬운 일이 아니기도 했겠고 올라가다 보니 무서운 생각도 들었을 것이다.

딸아이와 커플티를 맞춰 입은 엄마는 아이를 바라만 보고 있었다. 하지 마라 위험하다 이런 소리도 하지 않았던 것 같고, 조심하란 말도 하지 않았던 것 같다. 엄마에게 물어보진 않았지만 '해보고 싶으면 해보렴.' 이런 마음으로 아이를 지켜보기만 하는 것 같았다.

체스키크룸로프 정원에서 아까와 비슷한 또래의 엄마와 아들을 보았다. 엄마 손을 잡고 가던 아이는 갈림길에서 엄마 손을 뿌리치고는 제가 가고 싶은 길로 접어들었다. 손으로 나무도 쓰다듬고 바닥에 깔린 자갈돌도 툭툭 차보면서 제 나름의 길을 걸어갔다. 이 엄마도 아무 말 없이 아이가 해보고 싶은 대로 하도록 내버려두었다.

부모가 자식에게 바라는 가장 큰 소망은, 제 나름의 인생을 충실히 살아가는 모습을 보는 것이리라. 그 소망을 이루기 위해 부모들은 평생 동안 온 힘을 다해 아이를 키우고 가르친다.

'경험'만큼 큰 교훈이 어디 있으며 '직접 해보는 것'만큼 실질적인 공부가 어디 있을까. 어렸을 때의 작은 실패가 그 다음의 큰 실패를 예방해주고, 어렸을 때의 작은 성공이 어른이 돼서 큰 성공의 밑거름이 된다는 사실을, 좋은 일이든 나쁜 일이든 경험에서 배우고, 실패하면서 깨닫는다는 평범한 진리를 우리 부모들이 진정 이해할 수 있다면 우리 아이들이 사는 세상은 얼마나 흥미진진하고 가슴 뛰는 세상이 될까.

헝가리 &
슬로베니아

HUNGARY
&SLOVENIA

헝가리와 슬로베니아도 근래 들어 인기가 부쩍 높아진 나라다. 파리/로마에서 시작한 유럽여행은 점점 동진해서 체코를 지나 헝가리로, 그 아래 슬로베니아로 넓혀졌고 점점 많은 사람들이 헝가리와 슬로베니아를 여행한다. 한때 대제국의 중심이었던 헝가리에는 예전의 영화를 간직한 역사유적이나 웅장한 건축물들이 많아 서유럽 국가들과 느낌이 다르지 않은 반면 슬로베니아는 독특한 자연환경과 안정된 생활환경이 색다른 매력을 풍긴다. 슬로베니아를 여행할 때면 언제나 느끼게 되는 평화롭고 편안한 분위기는 특히 차를 몰고 다니는 개별여행자들에게 때로 깊은 인상을 남긴다.

부다페스트 Budapest

헝가리는 남한보다 조금 작은 면적에 1천만 인구가 사는 동유럽의 내륙국이다. 유럽의 많은 나라들이 그렇듯 헝가리도 중세 이래 여러 격변기를 거쳤으며 터키의 지배를 받기도 하고 오스트리아와 합쳐진 제국을 세우기도 하고 1차 2차 세계대전을 겪으면서 영토와 국민의 분할이 일어나기도 했다. 지금은 헝가리 국내보다도 주변 국가에 헝가리어를 쓰는 헝가리 주민이 더 많다고 할 만큼 헝가리의 영토는 많이 줄어든 상태라고 한다.

인구 180만의 부다페스트는 헝가리의 수도이며 헝가리 관광의 중심이다. 헝가리 관광은 사실 부다페스트 관광으로 끝나는 경우가 대부분이어서 부다페스트를 보고 이웃한 다른 나라로 넘어가는 사람들이 많다.

마차시 성당과 어부의 요새, 국회의사당, 부다성, 세체니다리 등 부다페스트의 관광지들은 모두 시내 한가운데를 흐르는 도나우 강가에 있다. 부지런히 서두르면 1박2일에 모두 돌아볼 수 있는데, 야경이 아름답기로 유명하므로 저녁 관광은 필수다.

1 2 3 부다페스트 시가지가 내려다보이는 언덕 위에 부다페스트의 1순위 관광지로 꼽히는 '마차시 성당'과 '어부의 요새'가 있다. 성당의 원래 이름은 '성모마리아 대성당'이지만, 마차시1세가 지금의 건물을 완성하면서 '마차시 성당'으로 불리게 되었다고 한다. 역대 국왕의 대관식이나 중요행사를 이곳에서 했다고 한다.

성당 앞에는 흰 돌로 지어진 '어부의 요새'가 있는데, 이 건축물의 기원에 대해서는 어부들이 쌓았다, 어부들이 지켰다, 어시장이 있었다, 여러 가지 설이 있지만 방어용 성곽이나 요새라고 하기엔 구조가 허술하고 장식적인 요소가 많은 것으로 보아 성당 앞의 조경과 전망을 위해 지은 테라스로 생각된다. 이곳에서 보는 부다페스트의 전망이 훌륭하다.

4 국회의사당은 부다페스트의 랜드마크처럼 널리 알려진 건물이다. 다뉴브강변에 자리 잡고 있어 배를 타고 지나가면서도 보이고 강 건너 언덕에 올라서도 보인다. 밤이 되면 조명을 받아 더욱 멋지게 보이며 강 건너편에서 국회를 배경으로 찍는 '인증샷'은 유명하다.

5 6 세체니 온천(Szecheny Furdo)도 유명하다. 겉에서 보면 정부기관처럼 생긴 건물이지만 안으로 들어가면 넓은 야외 온천풀을 비롯해 다양한 온천 시설이 있다.

78 성이슈트반 성당(Szent István Bazilika)은 부다페스트에서 가장 크고 헝가리 가톨릭교회의 중심 성당이다. 웅장한 성당의 모습도 인상적이지만 이곳은 정기적으로 연주회가 열리는 곳으로 유명하다. 파이프오르간과 합창단의 연주외에 오케스트라 콘서트도 열린다. 연주회 프로그램은 성당 홈페이지에 나와 있다. 9 도나우 강변에 '겔레르트 언덕(Gellerthegy)'이 있다. 언덕 꼭대기에는 19세기에 지은 Citadella요새가 있고 이 일대에서 보는 부다페스트 시가지 전망도 유명하다. 전망은 낮에 보아도 멋지지만 밤에 보는 야경은 더 멋지다.

10 '스칸젠(Skanzen) 민속박물관'은 헝가리의 전통가옥과 다양한 민속품들을 야외에서 있는 그대로 볼 수 있어 센텐드레에서 가장 인기있는 명소. 11

12 13 부다페스트 시내에서 차로 30분쯤 가면 '예술인촌'으로 알려진 센텐드레(Szentendre) 마을이 나온다. 다양한 미술관, 뮤지엄들이 있고 헝가리 고유의 민속품이나 기념품을 파는 가게들도 많다.

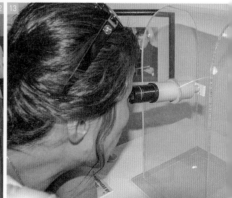

마차시 성당

운영시간	09:00~17:00 (일요일 10시 미사 볼 만함)
입장료	성인 2000포린트
웹사이트	www.matyas-templom.hu

어부의 요새

운영시간	24시간
입장료	발코니와 테라스는 무료. 상부 타워 입장시 1000포린트
웹사이트	http://www.fishermansbastion.com

이슈트반 성당

전망대 운영시간	3월~10월 09:00~19:00 11월~2월 09:00~17:00
입장료	2200포린트
웹사이트	47°30'01.4"N 19°03'15.8"E
좌표	www.bazilika.biz

세체니 온천

운영시간	08:00~20:00
입장료	평일 5900포린트, 주말 및 공휴일 6200포린트 수영복 대여 7000포린트
웹사이트	www.szechenyifurdo.hu

겔라트힐

운영시간	24시간
입장료	무료
주차장 좌표	47°29'14.0"N 19°02'35.2"E

센텐드레 스칸젠 박물관

운영시간	화요일~일요일 09:00~17:00
입장료	성인 2600포린트
웹사이트	https://skanzen.hu
주차장 좌표	47°41'30.4"N 19°02'45.3"E
센텐드레 마을 주차장	47°39'57.6"N 19°04'18.4"E

부다페스트 주차

부다페스트 시내 대부분의 거리에는 도로변 주차장이 있다. 주차장을 찾아다니지 않아도 되므로 오히려 편한 점도 있다. 도로변 흰색 주차선이 그어있는 곳에 주차하고 가까운 곳에 있는 주차기계에 요금을 지불한 후 영수증을 대시보드에 올려놓으면 된다. 주차요금은 지역마다 다른데 보통 1시간에 440포린트이며 최대 3시간까지다. 저녁 8시~다음날 아침 8시까지는 무료다. 신용카드나 지폐가 안 되는 기계도 많으므로 동전을 준비해야 한다. 노란색 선은 거주자 우선 주차구역이므로 주차하면 안 된다.

20세기 초 발칸반도에는 세르비아, 크로아티아, 슬로베니아 세 나라가 연합한 '유고슬라비아 왕국'이 세워졌다. 20세기 말까지 유지되던 '유고슬라비아 연방'은 공산정권이 무너지면서 여러 나라로 다시 분리되었는데 그중 하나가 슬로베니아다. 나라가 갈라지는 건 보통 일이 아니므로 발칸반도의 20세기 말은 참혹한 전쟁으로 얼룩지게 되었다. 그러나 슬로베니아는 연방의 주축이었던 세르비아와 열흘간의 대치 끝에 결별을 확인함으로써 발칸반도의 다른 나라들과는 달리 평화롭게 독립할 수 있었다.

슬로베니아의 면적은 남한의 1/5 정도이며 인구는 서울 인구의 1/5 정도인 2백만 명에 불과한 작은 나라다. 1인당 GDP는 3만 달러에 다다를 정도여서 동유럽에서는 가장 잘 사는 나라다. 슬로베니아는 아드리아해 연안에 위치하여 여름에 고온건조한 지중해성 기후에 속하지만 평균 해발고도가 500m 이상이어서 겨울기온은 추운 편이고 내륙에는 눈도 많이 내린다.

슬로베니아가 가진 세계적인 관광지로는 '동굴'을 꼽을 만하다. 신비스런 지하 궁전을 연상시키는 동굴은 석회암 지대에서 잘 발달한다. 석회암은 물에 잘 녹는 성질이 있는데 땅 속의 석회암이 지하수에 녹으면 커다란 지하 동굴이 생기고, 지표에서 스며들며 석회성분을 함유한 물방울이 종유석이나 돌기둥들을 만든다.

이런 석회암 지형을 지리학 용어로는 '카르스트Karst 지형'이라고 하는데 카르스트라는 말은 슬로베니아의 서부 '크라스Kras 지방'을 일컫는 독일어이다. 독일 지리학자들이 이곳 크라스 지방에서 석회암 지형을 연구하고 발표하면서 '카르스트' 지형은 석회암 지형을 일컫는 일반명사가 되었다.

블레드는 근래 패키지 투어 코스로 많이 알려진 곳이다. 섬이 있는 호수 경치가 유명하고 호숫가 언덕에 작은 성도 하나 있지만, 이런 정도의 경치나 성은 사실 유럽 어느 지역에서도 볼 수 있는 평범한 정도로 보인다. 여름철에는 호숫가에서 일광욕을 즐기는 사람들이 많고 큰 야영장도 있다.

1 2 슬로베니아에서 가장 이름난 관광지는 포스토이나 동굴(Postojnska jama)이다. 동굴의 규모도 크지만 화려하고 다양한 경관이 가히 '세계 최고'로 불릴 만한 곳이나. 동굴의 총 연상은 24km나 되지만 일반에 공개되는 곳은 5km 정도다. 이 중 열차를 타고 지나가는 구간은 3.5km, 걸어서 구경하는 곳은 1.5km이다. 오디오 가이드를 듣거나 가이드의 설명을 들으며 동굴을 돌아보는 시간은 천천히 걸어서 1시간 반쯤 걸린다. 동굴 내부의 온도는 연중 10도 정도이므로 여름철에도 긴 소매 옷을 준비해야 한다. 3 포스토이나 동굴은 길어서 미니열차를 타고 들어가는데 이 열차도 은근 스릴 있다.

포스토이나 동굴

운영시간 성수기인 5~9월은 09:00~19:00 사이 매시 정각에 입장. 그 외 기간에는 월별로 운영시간이 줄어들고, 비수기인 11~3월 사이는 10:00~15:00 사이 세 차례만 투어가 있다

운영기간 연중무휴
(개별관람은 안 되고 가이드 투어만 가능)

입장료 25.8유로 (동굴만 관람)

웹사이트 www.postojnska-jama.eu
인기 있는 곳이므로 입장권은 미리 예매해야 하고 현장 매표소에서 실물 티켓과 교환해야 한다.

주차장 좌표 45°46'53.0"N 14°12'08.4"E

4 슈코치안 동굴(Skocjanske jame)도 포스토이나 동굴과 함께 꼭 가볼 만한 곳이다. 포스토이나 동굴과는 전혀 다른 느낌의 웅장한 스케일이 인상적이다. 어떤 이는 "인간이 있어서는 안 될 곳에 들어온 것 같은" 두려움을 느꼈다고 할 만큼 슈코치안 동굴의 규모는 어마어마하다. 미국 그랜드캐니언의 엄청난 스케일에 압도당했던 기억이 있는 사람이라면 이 동굴에 들어가서도 비슷한 느낌을 받을 것이다. 가이드 투어만 허용되며 투어시간은 한 시간 정도 걸린다. 동굴 내에서 사진촬영은 금지다. 1986년 유네스코 자연유산에 등록되었다. 5 슈코치안 동굴 입장 전에 가이드의 설명을 듣고 간다. 가이드는 영어, 독일어와 이태리어까지 능숙하게 구사한다. 6 슈코치안 동굴의 지하 계곡을 가로지르는 구름다리. 슈코치안 동굴에는 다섯 개의 통로와 운하가 있으며, 종유석과 석순이 자라는 통로는 지상으로 나 있다. 강을 따라 총 25개의 작은 폭포가 있다. 7 동굴 구경이 끝나면 계곡 경치가 또 이어진다.

슈코치안 동굴

운영시간 성수기인 6~9월은 10:00~17:00 사이 매시 정각에 입장. 그 외 기간에는 월별로 운영시간이 줄어들고, 비수기인 11~3월 사이는 10:00~15:00 사이 세 차례만 투어가 있다.

운영기간 연중무휴 (개별관람은 안 되고 가이드 투어만 가능)

입장료 24유로

웹사이트 www.park-skocjanske-jame.si
투어시간이 월별로 다르고 비수기 마지막 투어는 공휴일에만 운영하기도 하므로 여행계획이 잡혔으면 슈코치안 동굴 홈페이지를 방문해서 시간을 확인하고 가야 한다. 입장권 예매제도는 없고 현장에서 직접 구매하면 된다.

주차장 좌표 45°39'45.7"N 13°59'20.2"E

8 슬로베니아가 가진 아주 조금의 해안지역에 오래된 도시 피란과 포르토로즈(Piran & Portoros)가 있다. 바다가 적은 슬로베니아에서는 이곳 해변이 거의 유일한 해변이고 해수욕장으로 무척 소중한 공간이다. 여름철이면 포르토로즈 해변에는 밤늦도록 사람들이 모여 '나이트 라이프'를 즐긴다. 9 포르토로즈 해변에서 민속놀이를 즐기는 사람들 10 피란 올드타운 옆에 있는 피에사(Fiesa) 해수욕장. 피란과 피에사 사이 약 1km 이어지는 해변 산책로도 걷기에 좋다. 11 12 피란은 오랜 기간 베네치아 공국의 영토였으며 성벽은 10세기 경 외세의 침입에 대비하여 세워졌다고 한다. 이곳 성벽에서 보는 피란 올드타운의 풍경이 절경이다. 13 피란 성벽 끝의 망루

피란성 개방 08:00~일몰시까지 (연중무휴)

입장료 2유로 (비 오는 날에는 안전상의 이
유로 성벽이 닫힐 수 있다)

주차장 좌표 45°31'34.9"N 13°34'27.8"E

모른 척해드릴게요

슬로베니아의 슈코치안 동굴은 투어 도중 사진촬영이 금지되는 곳이다.
매표소의 창문에도 사진촬영 안 된다는 안내가 붙어 있고 표를 파는 창구
직원도 몰래 사진 찍다 걸리면 벌금을 물릴 수도 있다는 말을 할 정도로 엄
격히 금지하고 있었다.

슬로베니아의 다른 동굴에서는 사진촬영이 자유로웠는데 여기는 이렇게
까지 안 된다고 하는 걸 보면… 그래야 할 이유가 있으리라 짐작하고 마음
을 접고 있었다.

동굴 투어를 시작하기 전 가이드가 10분가량 동굴과 투어 내용을 설명하는
시간이 있는데, 이때 어떤 관광객 한 사람이 자기는 "사진을 꼭 찍고 싶은
데, 사진촬영이 안 되는 이유를 알 수 있느냐…" 하면서 가이드에게 부탁하
는 이야기가 들렸다.

잠시 생각하던 가이드는 "사진촬영은 몇 가지 이유 때문에 엄격히 금지하
고 있다. 그런데 오늘은 투어인원도 많지 않고 그래서 자기가 허용할 수는
없지만 모른 척해줄 테니 자기 모르게 찍으라"고 했다.

'모른 척해줄 테니 자기 모르게…'

참 재미있는 말이다. 슬로베니아를 여행하면서는 이런 기분을 느낄 때가
종종 있다. 결코 막 사는 사람들이 아니지만 각박하지도 않게 살아가는 이
사람들을 보면 나도 덩달아 마음이 푸근해지고 부러운 마음도 든다.

세계에서 빈부격차가 제일 적은 나라가 슬로베니아라고 하는데, 거기에 이
유가 있는 것일까 싶기도 하다.

Apartments & Rooms Matos

추천 숙소

포르토로즈 바다가 보이는 언덕의 주택가에 위치한 렌트하우스다. 주방과 침실이 한 공간에 있는 원룸 형태의 독채인데 집 마당에 차를 댈 수 있고 바다가 보이는 마당을 테라스로 사용할 수 있어 좋다. 고급 숙소는 아니지만 그렇다고 싼티 나는 숙소도 아닌, 그냥 내가 사는 집 같은 느낌으로 마음 편히 묵을 수 있는 곳이다. 매우 친절한 주인 부부가 집 뒤채에 거주하고 있지만 마당 전체를 사용하고 있는 숙소의 독립성은 완벽히 보장된다. 주방 있는 별채도 있고 주방 없는 일반 룸도 있는데, 어느 곳이나 이용자들의 평점은 매우 높다. 신용카드결제가 안 되므로 현금을 준비해가야 한다.

1 방은 주방시설과 욕실을 갖춘 원룸 형태다. 2 문을 사이에 두고 같은 높이의 마당이 연결된다. 일반 호텔에서는 결코 느낄 수 없는 개방감이다. 3 4 방문 앞에 차를 댈 수 있는 것도 이 숙소의 큰 장점이다. 게다가 하얀 돛단배가 떠 있는 바다를 보며 식사를 할 수 있는 마당이라니… 마당 있는 집에 대한 로망을 한껏 키워준 집이다.

시설	2인실 (주방 있음)
요금	비수기 기준 120유로 (무료 주차)
좌표	45°31'04.1"N 13°34'34.8"E

크로아티아

C R O A T I A

10년 전쯤 TV 프로그램으로 소개되면서 일약 유럽 최고의 여행지로 떠오른 크로아티아. TV를 통해 잠깐 인기를 끌었다가 이내 잊혀지는 여행지도 있지만 크로아티아의 인기는 식을 줄 모르고 날로 더해간다. 크로아티아는 한국인들이 좋아할 만한 것들을 정말 많이 가지고 있는 나라이기 때문이다. 아드리아해의 환상적인 바다를 배경으로 곳곳에 자리잡은 빨간 지붕 마을들, 지금도 연연히 이어져 오는 역사 유적과 그것에 얽힌 이야기들, 자동차여행자들에게 최적화된 여행 인프라와 상대적으로 저렴한 물가, 시원시원한 국민성과 함께 몸에 밴 친절함 어느 것 하나 아쉬운 것이 없다.

크로아티아는 동유럽 여행 일정의 한 코스로 넣어도 좋지만, 크로아티아 한 나라만을 여행 목적지로 삼아 일주일 열흘을 머문다 해도 부족함이 없는 훌륭한 여행지다.

자그레브 Zagreb

크로아티아도 슬로베니아와 함께 1991년에 유고연방에서 분리 독립한 나라이다. 그러나 크로아티아는 분리과정에서 유고연방의 주축국인 세르비아와 치열한 전쟁을 치렀고 많은 피해를 입었다. 예로부터 크로아티아의 주된 산업은 관광이었고 지금도 그렇다. 아드리아해 연안의 아름다운 자연과 좋은 기후, 고대 로마로부터 이어지는 풍부한 유적이 크로아티아 곳곳에서 관광객을 맞이한다. 크로아티아의 경제사정은 선진국들과 차이가 많지만 관광객들은 이 차이를 전혀 느낄 수 없도록 여행 편의시설들은 충분히 갖춰져 있고 여행업 종사자 대부분이 영어를 잘하고 여행자들에게 친절하다.

크로아티아는 한국인에게 특히 많이 알려지고 인기 있는 관광지다. 한 해 크로아티아를 찾는 한국인 관광객은 50만 명에 달하고 있는데 이것은 독일, 이탈리아 등 유럽 이웃나라에서 찾아오는 관광객들을 포함했을 때에도 열 번째로 많은 숫자라고 하니까 한국사람들의 크로아티아 사랑은 유난한 것 같다.

자그레브는 크로아티아의 수도이며 가장 큰 도시이지만 거주 인구는 80만 명가량 된다. 자그레브에도 가볼 만한 곳들이 있지만 스플리트나 두브로브니크에 비하면 약한 편이어서 대부분 관광객들은 잠시 들러 가는 정도로 다녀간다.

자그레브에서 가장 이름난 곳은 성 스테판 대성당과 옐라치치 광장이다. 옐라치치 광장은 크로아티아 국민들에게는 큰 의미를 가진 곳으로 광장에는 크로아티아 독립영웅인 '반 옐라치치 장군'의 동상이 있고 크고 작은 행사가 모두 이곳에서 열린다. 대성당과 옐라치치 광장은 걸어서 5분 정도 되는 가까운 거리에 있어 두 곳 모두 돌아보면 좋다.

대성당 뒤 지하주차장 좌표 45°48'51.9"N 15°58'56.4"E

1 자그레브 대성당. 세계적으로 손꼽히는 바로크 양식 제단과 신고딕 양식 제단 등이 있다. 보물급 유물이 10개 이상 있어서 '크로아티아의 보물'이라 부른다. 2 성당 안의 성물 판매소. 규모가 크다. 3 옐라치치 광장. 자그레브의 중요한 행사는 모두 이곳에서 열린다. 광장에는 크로아티아 독립의 영웅 반 옐라치치의 동상이 있다. 민속의상을 차려입은 부부가 광장에서 행사를 기다리고 있다. 4 빨간 체크무늬는 크로아티아의 상징이다. 축구선수의 유니폼에도 국기에도 기념품에도 다 들어가 있다. 이 체크무늬는 체스판의 무늬인데 전설에 의하면 크로아티아 왕이 이곳을 침략했던 베네치아 왕을 체스경기로 물리쳤고 그때부터 체크무늬는 승리의 상징이 되었다고 한다.

자그레브의 고등학교 졸업식

파란색 트램이 지나가는 자그레브 시내에 호루라기소리가 들려오기 시작했다. 여기저기서 들리는 예사롭지 않은 호루라기 소리가 조금씩 커지더니 단체티를 맞춰 입고 어디론가 향해 가고 있는 고등학생 무리들이 보였다. 한 무리를 붙고 물어보니 오늘이 자기들 졸업하는 날이라고, 짧은 영어로 "피니시~ 피니시~" 하면서 흥분해 난리다. 도대체 무슨 일일까…. 너무나 궁금해서 그들을 따라가 보았다. 걸음을 옮길수록 거리를 쿵쿵 울리는 음악소리가 점점 크게 들렸고 이곳저곳에서 몰려드는 아이들도 점점 늘어났다.

아이들과 함께 도착한 곳은 자그레브의 중심인 반 엘라치치 광장이었다.

세상에 난리난리 이런 난리가 또 있을까? 피가 펄펄 끓는 아이들이 물에 흠뻑 젖은 채 날뛰고 소리 지르며 온몸으로 해방감을 표현하고 있었다. 보는 사람도 신이 나는데 아이들은 얼마나 신이 날까. 아이들 틈으로 들어가 사진 한 장 찍어도 되겠냐고 물었더니 카메라 앞으로 우르르 몰려들었다.

아이들의 축제는 시에서 준비해준 듯 방송 카메라도 있었고 구급차와 경찰차도 와있었다. 어른들은 지나간 추억을 생각하듯 흐뭇한 미소를 지은 채 아이들을 지켜보고 있었다.

크로아티아는 2018 러시아 월드컵에서 준우승을 했다. 서울 인구의 절반도 안 되는 작은 나라가 월드컵 준우승이라니. 그때 크로아티아 팀의 슬로건은 '작은 나라 큰 꿈(Small country Big dreams)'이었다고 한다.

우리 아이들에게도 졸업식 날 하루쯤 이런 축제를 허락해주면 얼마나 좋아할까 하는 생각이 들었다.

추천
숙소

Hotel National

이곳은 자그레브 도심에서 자로 10분 거리에 위치한
작은 호텔로, 현지에서 스마트폰으로 급하게 물색해
들어갔던 곳이다. 하룻밤 묵어갈 숙소로, 큰 기대를 하
지 않았던 것에 비하면 대체로 만족스러웠던 호텔이
다. 우리가 묵었던 방은 호텔 맨 위층에 위치한 펜트하
우스로, 넉넉한 거실과 침실, 별도의 주방으로 구성되
어 있었다.

¹ 침실 공간과 거실 공간이 분리되어 있고 침실도 아늑하
다   ² 욕실도 깔끔하다.   ³ 제법 큰 발코니에 설치된 어
닝과 소파가 여행자에게 아늑한 아지트가 되어준다. 발
코니에서는 동네 사람들이 내려다보여, 현지 주민의 평
온한 일상이 느껴지는 숙소다.   ⁴ 간단한 식사를 하기에
아쉽지는 않았다. 냉장고에도 여러 종류의 음료가 준비
되어 있다. 무료로.

시설	2인~3인실
요금	3인실 비수기 기준 100유로 (주차비 10유로)
웹사이트	www.national.hr
호텔좌표	45°48'13.1"N 15°59'44.3"E

자그레브 공항 픽업/반납

렌터카
영업소

1 근래에 새로 지은 자그레브 국제공항. 건물 앞
은 일반 주차장이고 렌터카 주차장은 건물 왼
쪽에 따로 있다.

2 자그레브 공항은 근래에 깔끔한 건물을 새로
지었다. 공항의 규모는 매우 작아서 사진에 보
이는 것이 전부다. 1층은 입국장, 2층은 출국
장이다. 렌터카 영업소도 입국장 건물 안에 있
으므로 멀리 갈 것도 없다.

3 공항건물 밖으로 나오면 주차장이 있고, 렌터
카 주차장은 건물을 나와서 우회전해 조금 걸
어가면 나온다.

4 5 렌터카 주차장 카운터에서 안내해준 자리로 가
서 차 몰고 나가면 된다. 반납도 이곳에 한다.

반납 주차장 좌표 45°43'50.2"N 16°03'32.6"E

플리트비체 호수 국립공원 Plitvice Lakes National Park

독특한 지질구조가 만들어낸, 세계에서 가장 아름다운 호수라고 해도 지나치지 않을 곳이다. 석회암 지대를 흐르는 강물이 16개의 호수를 만들었고 호수와 호수 사이에는 수많은 폭포와 물줄기, 그리고 다양한 식물들이 가득해서 독특한 경치를 만들고 있다. 일찍이 유네스코 자연유산으로 지정된 플리트비체는 두브로브니크와 함께 크로아티아 제일의 관광명소다. 호수와 계곡, 폭포는 매우 다양한 경치를 보여주고 산책로도 평탄하기 때문에 특별히 힘든 코스는 없다. 그러나 휠체어나 유모차를 밀고 다니기는 어렵다.

1 매표소를 통과하면 플리트비체 호수 국립공원 안내판이 나온다. 국립공원의 입구는 안내판의 오른쪽(북쪽, 1번 입구)과 왼쪽(남쪽, 2번 입구) 두 군데 있고 어느 쪽으로 들어가도 길은 다 통해 있고 장거리 구간은 배나 버스를 타고 이동하므로 갔던 길을 되돌아 걸어오는 일은 없다. 2 3 플리트비체의 호수는 '석회화 단구'라는 지형 형성과정을 통해 만들어졌다.

플리트비체의 여러 호수는 '석회화 단구(Travertine Terrace)'라는 지형 형성과정을 통해 만들어졌다고 한다. '석회화 단구'는 물에 녹은 석회성분이 강물을 따라 흘러가다가 유속이 느려지는 어느 지점에서 제방처럼 쌓이는 것을 말하는데 한국의 석회동굴 속에서도 규모가 작은 석회화 단구를 볼 수 있다. 플리트비체의 석회화 단구는 규모가 매우 커서 곳곳에서 강물을 막아 호수를 만들고 있다. 플리트비체의 관광코스는 A, B, C 세 개가 있고 들어가는 입구도 두 군데가 있으므로 어떤 코스를 어떻게 돌지 미리 계획을 짜고 가는 게 좋다.

1 데이트를 즐기는 젊은이들이나 열심히 사진을 찍는 사람이나 모두가 플리트비체의 풍경이다. 2 크로아티아에서 가장 큰 폭포도 이곳에 있다. 3 이탈리아에서 온 가족 여행팀. 여행 다니다가 대가족 여행팀을 만나게 되면 대부분 이탈리아 사람들이다. 이탈리아도 우리나라와 같은 가족중심 문화여서 이런 것도 비슷한 것 같다. 4 과하지도 부족하지도 않은 폭포와 수생식물들

운영시간	연중 무휴. 16:00에 입장 마감
입장료	성인 1일권 8유로. 2일권 13유로 (배와 버스 이용료 포함)
배와 버스	09:00~17:30 사이 30분마다 운행 (계절에 따라 변동될 수 있음)
주차비	시간당 1유로
1번 입구 주차장 좌표	44°54'20.5"N 15°36'46.3"E
2번 입구 주차장 좌표	44°53'00.6"N 15°37'24.4"E
웹사이트	www.np-plitvicka-jezera.hr

플리트비체 탐방코스

플리트비체 호수공원을 탐방하는 코스는 모두 4가지가 개발되어 있는데, 매표소를 지나가면 탐방코스 안내도가 있으므로 여기서 안내도를 보며 코스를 결정한 다음 출발해야 한다. 가장 인기 있는 코스는 A코스로 총 도보거리 3500m, 쉬엄쉬엄 구경하면서 다녀오는데 2~3시간 잡는다. 호숫가를 걸어가며 중요한 경치를 모두 본 다음 출발점으로 돌아올 때는 버스를 타고 온다. A코스를 선택하려면 1번 입구 쪽에 주차하고 들어가야 한다.

B코스도 인기 있는데 구경하는 지역은 A코스와 동일하지만, 2번 입구 쪽에 주차하고 들어가서 1번 입구까지 버스를 타고 가고, 도보 코스가 끝난 후 돌아올 때는 배를 타고 오게 된다. A코스와 도보거리는 비슷하지만 버스와 배를 기다리고 타는 시간이 있으므로 3~4시간을 잡는다.

C코스는 버스와 배를 이용해 호수 전체를 돌아보는 코스, K는 호수 완전 일주코스인데, 총 도보거리 8km인 C코스까지는 하루 일정으로 소화할 만하다.

겨울철(11월 1일~3월 31일)에는 보트와 배가 다니지 않으므로 1번 입구 쪽으로 들어가야 한다.

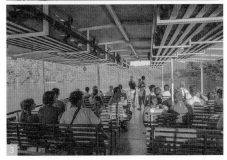

1 2번 입구 주차장 2 공원 내 장거리 구간은 이런 버스를 타고 갈 수 있다. 3 1번 입구와 2번 입구 사이에는 이런 배도 다닌다.

추천
숙소

Villa Mukinja

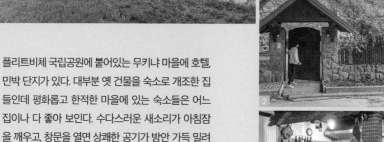

플리트비체 국립공원에 붙어있는 무키냐 마을에 호텔,
민박 단지가 있다. 대부분 옛 건물을 숙소로 개조한 집
들인데 평화롭고 한적한 마을에 있는 숙소들은 어느
집이나 다 좋아 보인다. 수다스러운 새소리가 아침잠
을 깨우고, 창문을 열면 상쾌한 공기가 방안 가득 밀려
들어오던 곳, 안개에 젖어 더욱 진하게 느껴지던 숲 냄
새에 나도 몰래 깊은 숨을 들이마시게 되던 곳이다.

1 부족하지도 넘치지도 않게 딱 적당한 방이다. 2 빌라
무키냐는 플리트비체 호수공원 숲속의 작은 마을에 있는
펜션이다. 3 빌라 무키냐의 조식은 매우 정성스러웠다.
1인당 30유로로 저녁식사를 즐길 수도 있다. 크로아티아
에서 먹어본 음식 중 가장 맛있었다는 평가를 가지고 있
는 저녁식사를 못해본 것이 큰 아쉬움으로 남아 있다. 4
플리트비체 공원구역에 위치한 무키냐 마을에는 깔끔한
펜션(크로아티아 말로는 소베)들이 많다.

시설	2인~4인실 (주방 없음)
요금	2인 비수기 기준 90유로 (무료 주차)
좌표	44°52'22.9"N 15°37'46.5"E

자다르 Zadar

자다르(Zadar)는 인구 8만의 크로아티아 제5의 도시다. 도시의 역사는 석기시대로 거슬러 올라갈 만큼 유구하고 로마제국, 베네치아 공화국의 영역에 속하며 문화와 유적의 많은 부분을 이탈리아와 공유하고 있다. 2차 대전과 1991년부터 4년간 계속 된 크로아티아 독립전쟁 중에 도시의 많은 부분이 파괴되었다.

자다르에서는 근래에 만들어진 '바다 오르간'이 가장 유명한데 파도가 칠 때마다 '뿌 ~뿌~' 하는 소리가 나서 신기하지만 '음악'이라고 할 만큼은 아니다. 플리트비체에서 스플리트로 내려가는 도중에 있으므로 잠깐 시간을 내어 들러볼 만한 도시다.

1 성 도나투스 성당은 자다르에서 가장 오래된 건물이다. 동로마 제국 시절 9세기경에 세워졌다고 하니 천년도 훨씬 넘은 건물이다. 2 도나투스 성당이 있는 자리에는 고대 로마의 '포럼'이 있었는데 로마 포럼이 폐허가 된 후 그 석자재를 재활용해 교회를 세웠다고 한다. 그 흔적이 기둥에 남아 있다. 3 파도가 칠 때마다 "뿌~뿌~" 소리가 나는 바다 오르간 4 바다 오르간 뒤에는 '태양의 인사'라는 구조물이 있다. 낮 시간 동안 태양 에너지를 받아서 밤이 되면 화려하게 빛이 나온다고 한다.

자다르 주차정보

자다르 구시가 안 해안도로를 따라서도 도로변 주차장이 있지만 자리 찾기가 쉽지 않다. 구시가 밖 공용주차장에 차를 두고 동네 구경을 하면서 바다 오르간 있는 데까지 갔다 오면 적당하다. 구글지도에서 자다르를 열어놓고 Parking으로 검색해보면 공영주차장이 여러 군데 표시된다.

주차장 좌표 44°06'42.5"N 15°13'44.5"E

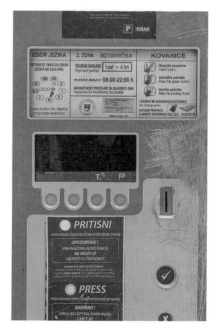

주차기계에 필요한 만큼 돈을 넣고 영수증을 뽑아 차 대시보드에 두고 가면 된다.

5 자다르의 해변에서 우연히 보게 된 '아쿠아 바이크' 경주. 크로아티아 사람들은 이렇게 파이팅 넘치는 활동을 좋아하는 것 같다. 6 크로아티아의 젊은 여성들. 친구 결혼식에 다녀오는 길이라고 했다. 7 자다르 구시가 골목길

스플리트와 트로기르 Split & Trogir

트로기르의 카메렝고 요새(Kula Kamerlengo)에서 바라보는 전망

크로아티아의 해안에 여러 항구도시가 발달한 것은 기원전으로 거슬러 올라가는데 고대 로마 제국, 동로마 제국, 베네치아 공화국, 그리고 근대에 이르러서는 헝가리-오스트리아 제국이 지배하면서 시대별로 많은 유적과 유물을 남기고 있다.

트로기르나 스플리트의 구도심은 이탈리아의 어느 도시와 매우 닮아 있는데, 로마의 고대유적이 웅장하고 권위적이라면 제국의 지방도시쯤이었던 크로아티아의 고대유적은 한결 친숙하고 정겨운 느낌을 준다.

스플리트는 현재 25만 명 정도의 인구가 거주하는 크로아티아 제2의 도시이며 고대로부터 항구도시로 발달해왔다. 스플리트와 역사의 궤를 같이 하고 있는 트로기르도 스플리트와 함께 꼭 가볼 만한 곳이다. 로마 제국 이전, 헬레니즘의 도시구조를 가지고 있으며 오랜 세월 동안 다양한 양식으로 지어진 고건축물들이 많다.

스플리트와 트로기르 구시가는 1997년에 유네스코 세계유산으로 지정되었다.

스플리트 Split

1 스플리트 제1의 관광지 디오클레티아누스 궁전 광장. 유네스코 지정 세계 문화유산이지만 지금 지역 주민들의 카페 영업장으로 이용되고 있다. 2 성 도미니우스 성당. 이곳은 원래 디오클레티아누스 황제의 묘지였는데, 그가 죽고 400년쯤 지난 후 그에게 죽임을 당했던 도미니우스 성인을 추모하는 성당을 황제의 묘지 위에 세웠다고 한다. 성당(묘지) 입구에는 이집트의 스핑크스를 본 따 만든 스핑크스도 있다. 34 스플리트 궁전 북문 앞에는 크로아티아의 종교지도자로 가장 존경받는 '그레고리우스 닌'의 동상이 있다. 기독교에서 '그레고리우스'라는 이름은 많이 등장하는데 이 분은 닌 출신의 그레고리우스이다. 언어학자로 활동했으며 동상의 엄지발가락을 만지면 머리가 좋아진다? 속설이 있다. 동상 주변에서는 매일 오후 2~3시 경에 골동품 반짝 시장이 열린다고 한다.

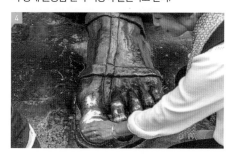

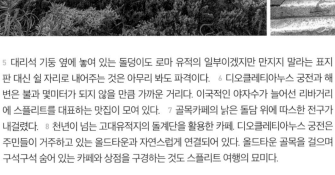

5 대리석 기둥 옆에 놓여 있는 돌덩이도 로마 유적의 일부이겠지만 만지지 말라는 표지판 대신 쉴 자리로 내어주는 것은 아무리 봐도 파격이다. 6 디오클레티아누스 궁전과 해변은 불과 몇미터가 되지 않을 만큼 가까운 거리이다. 이국적인 야자수가 늘어선 리바거리에 스플리트를 대표하는 맛집이 모여 있다. 7 골목카페의 낡은 돌담 위에 따스한 전구가 내걸렸다. 8 천년이 넘는 고대유적지의 돌계단을 활용한 카페. 디오클레티아누스 궁전은 주민들이 거주하고 있는 올드타운과 자연스럽게 연결되어 있다. 올드타운 골목을 걸으며 구석구석 숨어 있는 카페와 상점을 구경하는 것도 스플리트 여행의 묘미다.

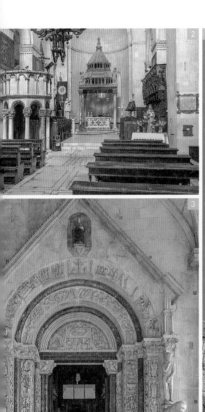

1 트로기르의 산 로렌조 성당. 초기 기독교 성당이 있던 자리에 13세기 초에 세운 로마네스크 양식의 성당이다. 중요한 구조는 13세기에 대부분 지어졌지만 종탑과 기타 부속건물의 건축은 17세기까지 이어져, 다양한 건축양식을 볼 수 있다. 성당 앞마당도 카페로 활용된다. 2 소박하게 장식된 산 로렌조 성당 내부 3 산 로렌조 성당에서 유명한 부분인 라도반 포르탈(Radovan Portal). 아담과 이브를 비롯해 다양한 부조들이 장식되어 있다.

4 트로기르에서 가장 오래된 유적 카메렝고 요새는 베네치아 공화국 시절, 트로기르를 방어하기 위해 지어졌다. 지금은 음악회장으로 이용되기도 한다. 망루에 올라가서 보는 전망이 훌륭하다. 5 산 로렌조 성당 건너편에는 영어로 'Porch' 또는 'Loggia'라고 부르는 독특한 공간이 있다. 한쪽 면이 트여 있는 방 또는 연단 정도로 설명할 수 있는데, 이곳에서 지배자가 대중연설을 하거나 재판을 주재하거나 행사를 진행하기도 하였다고 했으며 여성은 출입할 수 없었다고 한다. 트로기르의 'Loggia'는 15세기경 세워졌다고 한다. 옆에 있는 시계탑은 세바스찬 성당의 일부 6 7 트로기르는 좁은 골목을 따라 걸으며 기념품점을 구경하는 재미도 좋고 걷다가 다리가 아프면 유적지 돌난간에 걸터앉아 쉬면서 한가한 시간을 보내기도 좋다. 8 트로기르 구시가지 입구에는 작은 시장이 있다. 시장에는 각종 기념품과 이국적인 과일 등 구경거리가 많이 있다. 진하게 숙성된 치즈와 하몽은 맛도 좋고 가격도 저렴하다.

주차정보

트로기르 구시가 입구의 큰 공영주차장 좌표
43°31'04.7"N 16°14'52.7"E

스플리트 궁전 남문 앞 공영주차장 좌표
43°43'30.26.0"N 16°26'24.8"E

스플리트 궁전에서 조금 떨어진 공영주차장 좌표
43°30'32.0"N 16°26'36.0"E

Apartment Sun Spalato Views

디오클레티아누스 궁전에서 차로 10분 거리에 위치하고 있는 이 아파트는, 한국의 30~40평대 아파트와 같은 크기와 시설을 지닌 훌륭한 숙소. 모든 시설을 다 갖춘 주방은 물론이고 건조도 되는 세탁기도 있어 편하게 지낼 수 있다. 바다가 보이는 널찍한 베란다가 있고 주변의 환경이나 편의시설 등이 나무랄 데 없다.

명랑한 성격의 젊은 호스트는 이 일대에서 여러 채의 아파트를 렌트하고 있는데 모두 '선 스팔라토'라는 이름을 가지고 있다. 렌트하우스의 특성상, 호스트를 만나서 열쇠를 받아야 들어갈 수 있는데 예약 후 호스트와 메일이나 문자로 연락을 취해서 만날 시간과 장소를 확실히 하고 가야 한다. '호텔 모어(Hotel More)' 앞에서 만나기로 약속하면 편하다. 성수기에는 3일 연박만 가능하다.

1 제법 큰 평수의 아파트는 침실 두 개와 거실, 주방과 욕실로 구성되어 있다. 2 이런 침실이 두 개 있다. 3 필요한 것이 모두 구비된 주방 4 이 숙소를 돋보이게 하는 일등공신은 널찍한 베란다. 옆 세대보다 쑥 들어가 있는 구조 덕분에 매우 아늑한 베란다에 앉으면, 시원한 바다와 하늘이 시야에 가득 들어온다. 스플리트를 특별한 여행지로 만들어준 일등공신이다.

시설	2인~6인실 (아파트)
요금	4인실 3박 비수기 기준 250유로
좌표	43°30'11.4"N 16°28'32.0"E
웹사이트	www.sunspalato.hr

두브로브니크 Dubrovnik

크로아티아 남쪽 끝에 인구 5만의 소도시 두브로브니크(Dubrovnik)가 있다. 지중해와 아드리아해 연안에는 크고 작은 중세도시들도 많지만 두브로브니크만큼 옛 모습이 잘 보존되고 아름다운 도시도 흔치 않다. 그래서 예로부터 이 도시의 별명이 '아드리아해의 진주'이며 일찍이 (1979년) 크로아티아의 다른 도시들과 함께 유네스코 세계유산으로 등재되었다. 도시의 규모는 작지만 방문자 수나 유명하기로는 크로아티아에서 제일이다.

두브로브니크는 13세기 이래 유럽 해상무역의 중요 거점이었으며 도시는 초기부터 계획적으로 구획되고 건설되었다고 한다. 오랫동안 베네치아 공화국의 영역에 속해 있었으므로 이때 지어진 오래된 건물과 교회들이 많다. 17세기에 대지진의 피해를 입었던 적이 있고 현대에 와서는 1995년까지 계속된 유고 내전으로 도시의 상당부분이 파괴되었으나 유네스코를 비롯한 해외 단체들의 지원에 힘입어 대부분 복구되었다고 한다.

1 오노프리오(Onofrio) 분수. 두브로브니크성 내에는 식수로 사용되는 분수가 여러 개 있는데 14세기 오노프리오라는 건축가가 건설했다고 한다. 두브로브니크성 내로 공급되는 물은 12km 떨어진 수메트의 샘에서 수로를 통해 들어온다고 한다. 2 성 서쪽 끝의 분수대에서 동쪽 끝 시계탑까지 스트라둔(Stradun) 대로가 직선으로 뻗어 있다. 'Street' 정도로 번역될 수 있는, 두브로브니크성 내에서 가장 큰 길이다. 바닥은 광택이 나는 대리석으로 포장되어 있고 이 거리가 두브로브니크에서 가장 번화한 동네다. 3 4 성벽 투어는 두브로브니크 관광에서 빠질 수 없는 코스다. 빨간 기와지붕과 바다경치를 보며 쉬엄쉬엄 걷는다. 어른 입장요금이 150쿠나(한화로 약 25000원)면 작은 금액은 아니지만, 성벽을 걸어보지 않고 두브로브니크를 다녀왔다 할 수는 없다.

5 성 안에는 지금도 주민들이 거주하고 있다. 성벽 너머 바닷가 절벽 위에 '로브리예나츠(Lovrijenac) 요새'가 보인다. 6 루자(Luza) 광장은 두브로브티크 성 안에서 가장 번화한 거리다. 주변에 스폰자(Sponza) 궁전, 성 블라흐 성당 등 오래된 건축물들이 많고 앉아 쉬어갈 수 있는 곳도 많아 언제나 사람들로 붐빈다. 7 8 16세기에 지어진 스폰자 궁전. 이름은 궁전이지만 왕의 거주지는 아니고 관청이나 학교 등 다양한 용도로 사용된 건물이라고 한다. 일반 관광객이 들어가서 그닥 볼 건 없는 것 같다. 볼거리는 오히려 루자 광장에 있다.

두브로브니크 동문으로 입장 - 성벽으
로 올라가기 - 성벽을 따라 서문까지 걸
어가기 - 오노프리오 분수로 내려와서 -
스트라둔 대로를 따라 루자 광장까지 -
동문 밖으로 나가서 부두를 따라 걸으며
등대까지 갔다 오기. 이 코스를 부지런
히 걸어 다니면 2시간 정도로도 돌 수 있
고 쉬엄쉬엄 경치도 보고 밥도 먹고 하
다 보면 한 나절은 걸린다.

성벽 걷기는 두브로브니크 관광의 필수코스다.
동문 밖 등대가 있는 방파제

스르지산 전망대

두브로브니크 시가지 뒤에 해발 395m의 스르지(Srd) 산이 있다. 산 정상에서 보는 두브로브니크 시가지와 아드리아해의 전망이 매우 시원하고 아름답다. 산은 원래는 울창한 숲이 있었다고 하지만 1995년까지 계속된 유고 내전으로 모두 불타고 지금은 거친 돌산으로 드러나 독특한 경치를 만든다. 정상까지는 케이블카를 타고 올라갈 수도 있지만 차가 있으면 케이블카를 탈 필요가 없다. 산 위에는 주차공간도 넉넉하다.

스르지산 전망 위치 좌표
42°38'53.2"N 18°06'49.3"E

두브로브니크 전경

두브로브니크 전경으로 유명한 사진을 찍을 수 있는 위치는 크로아티아 시내에서 딱 두 군데 있다. 마을에서 뒷산 쪽으로 일방통행길을 올라가다 보면 차 두어 대를 멈출 수 있는 공간이 나온다. 위의 사진 각도로 찍으려면 좌표 : 42° 38'23.3"N 18°07'40.5"E에서, 아래 사진 각도로 찍으려면 길을 따라 언덕 위로 조금 더 올라가서 42°38'10.9"N 18°08'03.2"E 에서 찍으면 된다.

이 두 지점 외에 차를 세울 수 있는 공간은 없으므로, 아무데나 차를 멈추지 않도록 주의해야 한다.

두브로브니크 주차

두브로브니크는 바닷가 산비탈에 자리 잡은 도시여서 시가지가 비좁고 길도 대부분 일방통행이다. 성 주변에는 주차장도 넉넉지 않으므로 성수기엔 자리 차지하기가 쉽지 않다. 주차장은 무인주차장으로 운영되며 원하는 시간만큼 돈을 넣고 영수증을 차 안에 두고 다녀오는 방식이다.

성 주변에 자리가 없다면, 성에서 떨어진 주택가에 주차하고 걸어오는 수밖에 없다. 두브로브니크 시내는 한국의 주택가와 같은 '지정주차구역' 제도가 없으므로 '주차금지' 표시가 없다면 대부분 무료주차가 가능하다. (이 점은 변경될 수도 있으므로 호텔 주인에게 확인할 것)

성 입구 공영주차장

성 입구 공영주차장 좌표	42°38'32.5"N 18°06'40.2"E
북문 밖 주차장 좌표	42°38'32.8"N 18°06'35.1"E
서문 밖 주차장 좌표	42°38'31.9"N 18°06'23.8"E

추천
숙소

DUBROVNIK

Sea View Apartments

'씨뷰 아파트'는 아드리아해가 내려다보이는 바닷가 언덕의 주택가에
있다. 해변을 향해 작은 집들이 오밀조밀 모여 있는 동네 분위기가 정겨
운 느낌을 준다. 엘리베이터가 없으므로 짐가방을 끌고 급한 계단을 올
라가는 게 조금 힘들지만, 집에 들어가면 훌륭한 인테리어와 멋진 전망
에 탄성이 절로 나온다. 한국의 30평대 아파트보다 넓어 보이는 집에는
침실 두 개와 거실, 주방이 분리돼 있고 멋진 전망을 볼 수 있는 테라스
가 있다. 같은 이름을 가진 아파트가 여러 곳 있으므로 호스트를 만나서
키를 받아야 들어갈 수 있다. 예약 후 호스트와 만날 시간과 장소를 정확
히 하고 가야 한다.

시설	2베드룸(4인용) 아파트
요금	비수기 기준 130유로
좌표	42°38'24.1"N 18°07'36.6"E

1 침실 두 개와 거실과 주방으로 이루어진 아파트는 제법 넓
은 편으로 가족 여행객들에게도 알맞은 크기다. 2 조용한 해
변가 마을에 밤이 내려앉고 어두운 두브로브니크 올드타운

에 불이 켜지는 순간 숙소는 특별한 곳으로 바뀐다. 3 비슷
한 크기의 침실 두 개가 있다. 4 주방시설도 불편함이 없이
잘되어 있다. 5 욕실도 넓고 삼성세탁기도 있다.

DUBROVNIK

두브로브니크 공항 픽업/반납

1 두브로브니크 공항도 근래에 새로 지었다.

2 두브로브니크 공항은 규모가 작아서 입국장 과 출국 카운터가 모두 1층에 있다.

3 짐가방을 찾아 대합실 밖으로 나간다.

4 건물 바로 앞 일반 주차장을 지나 곧장 가면 여러 렌트사 부스가 모여 있다.

5 해당되는 렌트사 부스로 가서 픽업 수속을 하 면 된다.

6 반납도 이곳 주차장에 하면 된다.

반납 주차장 좌표 42°33'34.8"N 18°15'38.7"E

크로아티아 사람들이
잘하는 일과 그렇지 않은 일

크로아티아는 2018월드컵에서 준우승을 했다. 크로아티아의 총 인구는 400만, 서울 인구의 절반도 안 되는 작은 나라이고 사는 형편도 그리 넉넉지 않지만 축구는 정말 잘한다. 자그레브의 고등학교 졸업식날 학생들이 화끈하게 노는 모습을 보면서 충분히 예상할 수 있는 일이었다.

두브로브니크 공항의 남자 화장실이다. 정면에 보이는 소변기의 위치가 아무리 봐도 이상하다. 이런 구조에서 다섯 명이 동시에 일을 볼 수는 없겠고 최대 네 명이라면, 저 변기는 없어도 될 것 같은데… 다른 이유가 있었을까?

이탈리아로 건너가는 카페리를 타려면 출국 수속을 해야 한다. 그런데 그 일하는 모습을 보았더니 경찰이 한 사람 여권을 가지고 사무실로 들어가서 전해주고 기다렸다가 다시 나와서 여권을 돌려주고, 또 받아서 사무실로 들어가서 전해주고 기다렸다가 다시 나오는… 동작을 반복하고 있었다. 나는 다행히 맨 앞에 있었으므로 오래 기다리지 않았지만 일을 이렇게 하는 동안 뒤에 있던 차들은 두 시간 넘게 기다리기도 했다.

미국과 캐나다 사이의 국경 검문소다. 차에 앉은 채로 여권을 주고받으며 필요한 대화도 나눌 수 있다. 자세히 보면 차가 오른쪽으로 살짝 기울어져 있다. 운전자와 경찰이 서로 마주보며 대화할 수 있도록 바닥을 그렇게 만든 것 같고, 창구도 여러 개 마련되어 있어서 수십 대의 차가 밀려 있어도 그리 오래 걸리지 않았다.

DUBROVNIK

두브로브니크 - 바리 카페리

크로아티아와 이탈리아 사이는 대형 카페리가 다닌다. 노선은 여러 개가 있는데 가장 많이 이용하는 노선은 두브로브니크 - 바리 사이 구간이고 스플리트와 자다르에서 이탈리아 앙코나(Ancona) 사이를 운항하는 노선도 있다.

카페리의 운항 횟수는 월별로 달라서 성수기에는 매일, 비수기에는 주1회 운항하기도 한다. 운항횟수가 월별로 다르고, 침대칸은 일찍 마감되므로 대략적인 여행 계획이 잡히면 카페리 스케줄을 우선 알아보고 승선권도 인터넷으로 미리 사두어야 한다. 요금은 성수기 비수기에 차이가 있지만 중소형 승용차를 싣고 2인실 침대칸을 이용할 경우 편도 250~300유로 정도 된다. 배 안에도 식당이 있지만 음식값에 비해 식사가 부실하므로 저녁 먹을 것을 준비해 가는 게 좋다.

배는 밤 10시에 출발해서 다음날 아침 8시에 도착한다. 배에 차를 싣는 데 시간이 많이 걸리므로 선착장에는 일찌감치 도착해야 하는데 자세한 시간과 절차는 메일로 받은 승선권 예약확인서에 적혀 있다.

https://www.jadrolinija.hr
https://www.croatiaferries.com

내부 시설

1 선실의 의자는 뒤로 조금밖에 젖혀지지 않으므로 밤새도록 의자에 앉아 가기는 힘들다. 2 대충 이렇게 자면서 갈 수도 있는데 여름 성수기에는 이렇게 누울 자리가 없을 수도 있으므로 방을 꼭 예약하는 것이 좋다. 3 배는 밤 열시에 떠나므로 배에 올라 출발할 때까지 시간이 많이 남는다. 4 5 배는 무척 커서 화장실, 샤워실도 곳곳에 있고 레스토랑도 있다. 6 7 침대칸. 창 없는(인사이드) 2인실과 창 있는(아웃사이드) 2인실이 구별되고 창 있는 방이 조금 더 비싸다. 배는 밤에 운항하므로 창밖으로 보이는 것은 아무것도 없지만 답답한 기분이 조금 덜하고 방도 조금 더 넓다. 8 9 배 안에도 식당이 있다. 카운터에 돈을 내고 줄 서서 받아간다. 가격에 비해 음식이 부실하다. 2인분 3만원이 넘는 식사가 이 정도다.

승선 절차

1 우선 선착장으로 들어가서 순서대로 차를 대 놓고, 승선권을 교환하러 간다.

2 인터넷으로 구매한 예매권은 부둣가에 있는 야드로리나(jadrolinija) 선박회사 사무실에서 승선권으로 교환해야 한다. 사무실은 선착장 대합실에서 남쪽으로 100m쯤 내려가면 길 가에 있다. 업무시간이 되면 표를 교환하러 온 사람들이 몰리는데, 직원들의 일처리에 두서 가 없어서인지 창구가 혼잡하다.

3 승선시간이 되면 앞 차를 따라 출국사무소 쪽 으로 가서 여권과 승선권을 보여주고 들어간 다. 오토바이들은 늦게 왔어도 먼저 들여보낸 다.

4 안내원들이 안내해주는 대로 들어가서 차를 대놓는다. 배가 출발하면 차고 쪽 문을 모두 닫아버리므로 차를 떠나 선실로 갈 때는 필요 한 짐을 모두 가지고 가야 한다.

대기 주차장 좌표 42°39'32.6"N 18°05'08.7"E

하선
절차

1 밤새 바다를 건너온 배가 드디어 육지에 닿았고 차들이 줄줄이 나온다.

2 부두를 나가려면 다시 여권을 보여주어야 하는데 크로아티아 쪽에 비하면 비교적 빨리 진행된다. 앞에 서 있는 사람들은 사복 경찰인 듯싶다.

이탈리아 ITALY

돌로미티 Dolomites ★★★

알프스라고 하면 흔히는 스위스를 떠올리지만 알프스 산맥은 스위스에만 머물지 않는다. 프랑스 남부지역에서 시작하여 스위스, 이탈리아를 거치고 오스트리아를 지나 슬로베니아에 이르기까지 알프스 산맥은 동서로 길게 뻗어 있다. 여러 나라가 알프스 산맥을 지니고 있지만 알프스 산맥의 가장 많은 부분은 이탈리아에 속해 있다. 스위스 알프스와는 또 다른 모습으로 세계인들의 사랑을 받고 있는 곳이 '돌로미티'라고 부르는 이탈리아 북동부 산악지역이다.

알프스 산맥은 지질 구성이 지역마다 다르고 그에 따라 다양한 지형을 나타내는데, 돌로미티 지역은 'Dolomite'로 부르는 '백운암'의 분포가 많고 그것이 이 지역 이름의

유래가 되었다고 한다. 2009년 유네스코 자연유산으로 지정되었다.

광대한 지역에 걸쳐 있는 돌로미티 산군에서 절경으로 유명한 곳은 드넓은 평원과 암봉이 조화로운 알페디시우시(Alpe di Siusi), 장엄한 전망이 인상적인 라가주오이 산장(Rifugio Lagazuoi), 칼끝 같은 암봉이 인상적인 세체다(Seceda), 세 개의 산봉우리가 솟아 있는 트레치메(Tre Cime), 5개의 산봉우리가 솟아있는 친퀘토리(Cinque Torri) 같은 곳들이다.

산을 좋아하는 사람들은 이 모든 곳을 다 돌아보며 즐기기 위해 일주일 이상씩 묵으면서 트래킹도 하고 여러 지역을 모두 돌아보는 여행을 하지만 시간이 넉넉지 않은 사람들도 동선을 잘 짜면 2~3일의 일정으로도 돌로미티의 자연을 즐길 수 있다.

케이블카를 타고 손쉽게 다녀올 수 있는 곳은, 세체다, 알페디시우시, 라가주오이 산장, 그리고 코르티나담페초에서 올라가는 토파나 전망대다. 이런 곳들은 케이블카 승강장에 주차장도 잘 마련되어 있고, 정상에 올라가서도 평탄한 산책로가 이어지므로 어린아이나 노인들도 충분히 다닐 수 있다.

스위스처럼 등산열차가 있는 것도 아니고 단체관광 코스로 알려지지도 않아 방문자는 많지 않지만, 그런만큼 이탈리아 알프스는 순수한 자연풍광을 즐기기에 더 없이 좋은 곳이다. 그것도 오직 자동차 여행자들에게만 허락된.

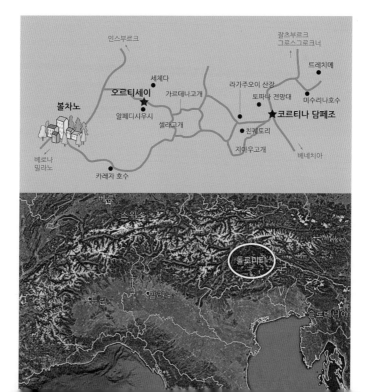

세체다 Seceda

돌로미티에서 가장 쉽게 올라가 멋진 경치를 볼 수 있는 곳이 세체다(Seceda)다. 산 아래 마을에서 케이블카를 타고 10분쯤 올라가면 거짓말 같은 풍경이 눈앞에 펼쳐진다. 뾰족한 암봉과 드넓은 고원 평야 그리고 시원한 전망까지, 세체다는 남녀노소 누구나 즐길 수 있는 돌로미티 최고의 명소다. 겨울에는 스키장으로 유명하고 여름에는 멋진 전망을 보기 위해 많은 사람들이 찾아온다.

중국 가족 여행팀

돌로미티의 세체다 정상에서 한 할머니를 만났다. 아들의 도움을 받아 정상으로 올라오고 있는 할머니는 하얗게 센 머리와 주름진 얼굴이 한눈에 보기에도 매우 고령으로 보였다. 아들에게 물어보니 중국에서 가족 여행을 왔다고 한다. 어머니에게 이 좋은 경치를 꼭 보여드리고 싶었다고.

어린아이처럼 행복해 보이는 할머니의 얼굴을 보며 몇 년 전 돌아가신 어머니 생각이 났다. 산을 좋아하셔서 국내의 모든 산과 이집트의 시나이산까지 오르셨던 것을 큰 자랑으로 여기셨던 우리 어머니. 여행이 직업인 아들을 따라 80세를 훌쩍 넘긴 나이에 유럽 자동차여행도 다녀오셨던 어머니였다.

할머니의 연세를 묻고 대단하시다고 덕담을 건넸다. 응원을 가득 담아 할머니와 하이파이브를 하는데 옆에서 지켜보는 아들 얼굴에 웃음이 가득하다. 다시 길을 오르는 두 모자의 뒷모습을 보면서 혼자 여러 감정에 휩싸인다. 어머니 계신 곳은 행복하신가요? 이 멋진 곳에 저만 왔네요….

1 송곳처럼 날카로운 세체다 정상 2 세체다 케이블카 승강장. 승강장 아래에 유료주차장이 있지만 자리가 많지는 않다. 3 케이블카를 타고 정상에 올라가면 시원한 전망이 펼쳐진다. 4 세체다 정상 일대는 평탄한 고원으로 되어 있어 누구나 쉽게 다닐 수 있다.

케이블카 운영기간 6월 초~10월 중순
운영시간 08:30~17:30
입장료 왕복 21.9유로
주차장 좌표 46°34'36.5"N 11°40'30.8"E
웹사이트 www.seceda.it

알페디시우시 Alpe Di Siusi

알페디시우시(Alpe di Siusi)는 돌로미티에서 가장 평화로운 풍경을 볼 수 있는 곳이다. 곤돌라를 타기도 쉽고 케이블카에서 내리면 들꽃이 만발한 고원 평야가 시원하게 펼쳐져서 산악지역이라는 느낌이 들지 않는다. 유모차를 밀면서도 다녀올 수 있는 곳이어서 아기를 동반한 가족여행팀이 특히 좋아한다. 곤돌라 승강장에 넓은 실내주차장이 있다(유료).

1 들꽃이 만발한 알페디시우시의 봄 풍경 2 오솔길을 따라 걸어도 좋고, 전망만 보고 내려와도 좋다. 3 4 알페디시우시는 오르티세이 마을에서 곤돌라를 타고 올라간다.

곤돌라 운영기간 5월 중순~11월 초

운영시간 08:00~17:00
(6월 말 ~ 9월 말 사이는 18:00까지 운행)

입장료 왕복 21.9유로

곤돌라 주차장 좌표
46°34'23.5"N 11°40'16.8"E

웹사이트 www.funiviaortisei.eu

※ 알페디시우시 고원으로 올라가는 케이블카나 리프트는 여러 곳에서 탈 수 있는데 운영날짜가 제각각이므로 '돌로미티 슈퍼섬머' 사이트에서 확인하고 가야 한다.

라가주오이　Lagazuoi

라가주오이(Lagazuoi)는 돌로미티 최고의 전망으로 꼽기에 충분한 곳이다. 돌로미티 산군의 가장 높은 곳에 올라 거침없이 펼쳐지는 거대한 산악경치를 보고 있으면 미국의 그랜드캐니언이 떠오른다. 보고 있어도 믿기지 않는, 외계에 온 듯한 착각. 라가주오이 전망은 참으로 강렬하다. 라가주오이 산장에서 보는 일출도 유명한데 이곳에서 일출을 보려면 산장에서 자야 한다. 산장에는 침대가 그리 많지 않으므로 일찌감치 예약해두어야 한다. 예약은 라가주오이 홈페이지에서 할 수 있다.

돌로미티 일대는 1차 대전 당시 이탈리아군과 오스트리아-헝가리 군이 대치하던 전선이었다고 한다. 라가주오이 케이블카 승강장 옆에는 그때 쓰던 대포도 있다. 라가주오이 산장에서는 당시 군인의 복장을 한 가이드를 따라 그때 만들어진 진지 등을 돌아보는 가이드투어 프로그램도 있다.

1 라가주오이 산장에서 보는 알프스 전망. 탁 트인 넓은 테라스에 앉아 풍경에 시선을 맞추면 미국의 그랜드캐니언이 떠오른다.　2 라가주오이 산장은 인기가 많아서 이곳에서 자려면 일찌감치 예약해야 한다.　3 케이블카 승강장에는 1차대전 때 쓰였던 대포도 있다.

케이블카 운영기간 5월 하순~10월 하순
운영시간 08:00~17:00
(6월 말~9월 말 사이는 18:00까지 운행)
입장료 왕복 21유로 (8월은 23유로)
주차장 좌표
46°31'09.8"N 12°00'30.3"E (무료주차)
웹사이트 www.rifugiolagazuoi.com

토파나 전망대 Tofana

해발 3244m에 자리 잡은 토파나(Tofana) 전망대는 돌로미티에서 케이블카를 타고 올라갈 수 있는 가장 높은 곳이다. 돌로미티 일대의 장엄한 경치를 한눈에 볼 수 있어 이웃에 있는 라가주오이 산장의 전망과 견줄 만하다. 코르티나담페초 마을에서 바로 올라갈 수 있고 케이블카 승강장에 주차장도 넓게 마련되어 있어 편하다.

1 정상까지 가려면 케이블카를 두 번 갈아타야 한다. 저 아래에 코르티나담페초 시가지가 보인다.   2 전망대에는 카페도 있고 넓은 테라스도 있다.

케이블카 운영기간	6월 하순~9월 하순. 12월 초~4월 초
운영시간	09:00~17:00
입장료	왕복 32유로
주차장 좌표	46°32'42.6"N 12°07'53.4"E
웹사이트	www.freccianelcielo.com

※ 겨울 시즌에는 스키장으로 운영되며 토파나 정상까지는 운행하지 않을 수 있다.

돌로미티 드라이브

누구나 즐길 수 있는 돌로미티 여행은 자동차를 몰고 경치를 즐기며 달리는 산악도로 드라이브다. 첩첩산중 알프스의 산골을 누비며 이 세상 어디에서도 볼 수 없는 웅장한 경치와 시원한 전망을 마음껏 즐길 수 있다. 돌로미티의 도로는 길도 좋고 다니는 차도 별로 없고 통행료나 주차비 같은 것도 없는 완전 '프리웨이'다. 다만, 겨울에는 눈으로 고갯길들이 통제되는 날이 많기 때문에 여행 스케줄은 늦은 봄(5월 말)부터 이른 가을(9월 말) 사이에 잡아야 한다. 케이블카 대부분이 6월 넘어야 오픈을 하므로 6월 초~9월 중순까지 잡는 것이 가장 좋다.

1 가르데나 고개(Passo Gardena). 전망이 가장 좋은 곳에 쉬어갈 수 있는 주차장이 있다. 2 트레치메 가는 길에 있는 미주리나 호수(Lago di Misurina) 3 셀라 고개(Passo Sella) 정상에서 보이는 전망 4 5 잉크빛 호수로 유명한 카레자 호수. 호수를 한 바퀴 도는 산책로가 있다. 6 7 발파롤라 고갯길(Passo Valparola). 이 고갯길 마루에 라가주오이 산장으로 올라가는 케이블카 승강장이 있다. 8 지아우 고개(Passo di Giau). 장쾌한 전망이 멋진 길이다.

돌로미티 여행에 적당한 계절

돌로미티는 험준한 알프스 산맥의 한가운데에 있어 늦은 봄부터 가을까지가 여행의 적기이며 겨울철에는 눈으로 통제되는 고갯길이 많아서 다니기가 어렵다. 겨울에도 갈 수 있는 곳은 외곽의 코르티나담페초, 오르티세이 (Ortisei) 마을 정도이며 겨울에는 이 일대가 모두 스키리조트가 되므로 스키를 탈 것이 아니라면 할 일이 별로 없다.

대부분의 케이블카는 6월 초,중순~9월 하순까지만 운행하므로 돌로미티 여행도 이때 맞춰 가는 것이 좋은데, 한여름 휴가철(7월 중순~8월 중순)에는 이 지역의 숙박요금이 많이 올라가고 방이 없을 수도 있으므로 이 점도 고려해야 한다. 결론적으로 돌로미티 여행에 가장 좋은 시기는 6월 중순부터 한 달간, 8월 중순부터 한 달간이라고 할 수 있다.

돌로미티 종합 정보 사이트

'돌로미티 슈퍼섬머' 사이트로 들어가면 돌로미티 지역 전체의 케이블카, 날씨, 지도, 티켓, 웹캠 등 다양한 정보를 볼 수 있다.

www.dolomitisupersummer.com

'돌로미티' 사이트에서도 돌로미티 여러 지역의 다양한 정보를 얻을 수 있다. 메인 페이지에서 Planning 〉 Weather 메뉴로 들어가면 돌로미티 각 지역의 주간 날씨와 시간대별 기온, 풍속 등 자세한 일기예보를 볼 수 있다.

www.dolomiti.it

여름철 돌로미티 지역의 날씨는 맑은 날보다 비가 오다 맑았다 하는 날이 더 많다.

돌로미티의 여름 날씨

돌로미티는 해발고도가 높아 여름철에도 기온은 선선한 편이다. 특별히 우기가 있는 것은 아니지만 산악지형의 특성상 맑은 날보다는 흐리고 비가 내리는 날이 더 많다. 비는 대부분 가랑비처럼 내리므로 활동에 제약을 받는 것은 아니지만, 비가 내리는 날은 구름과 안개가 좋은 경치를 다 가려버리므로 눈에 보이는 것이 없다. 그러나 산악지형 날씨는 변화무쌍하기 때문에 흐리고 비가 오는 날에도 언뜻언뜻 해가 나기도 하고, 계곡을 덮은 구름이 멋진 경치를 만들기도 하므로 일기예보만으로 낙담할 필요는 없다.

여름철 돌로미티 날씨는 밤에는 맑다가 해가 뜨면 서서히 구름이 생기고 비를 뿌리고, 저녁 무렵부터 다시 구름이 걷히는 일이 반복되는 경우가 많다.

해가 뜨면 햇볕을 먼저 받는 산봉우리 쪽의 공기가 먼저 데워지고, 더워진 공기는 상승하면서 구름을 만든다. 또한 저녁이 되면 산 쪽의 공기가 먼저 차가워지고 차가워진 공기는 하강하면서 국지적인 고기압을 형성하고 이에 따라 날씨가 맑아지는 원리로 이해할 수 있다.

Residence Gran Tubla

돌로미티 서쪽 입구의 우르티제이(Urtijei) 마을에 있는 아파트형 숙소다. 훌륭한 전망과 함께 모든 시설이 완벽하게 갖춰져 있고 건물 1층에 전용 주차장이 있어 편하다. 비오는 날에는 베란다에 앉아 건너편 알페디시우시 산비탈을 보는 기분도 좋고 완벽하게 갖춰진 주방에서 고기를 굽고 요리를 해 먹는 것도 좋다.

세체다 전망대 케이블카 타는 곳까지는 자동차로 2분 거리인데 마을 구경을 하면서 천천히 걸어가도 10분이면 된다. 알페디시우시 곤돌라 타는 곳까지도 자동차로 5분, 걸어가면 15분 정도 걸린다.

시설	2베드룸 아파트 (4인실)
요금	비수기 기준 150유로
좌표	46°34′41.6″N 11°40′01.3″E
웹사이트	www.grantubla.com

1 안개 낀 마을과 탱글탱글한 제라늄이 어우러진 베란다에서의 경치는, 흐린 날의 아쉬움을 달래주기에 충분하다. 2 주차장도 넓다. 345 방은 더 할 나위 없이 만족스럽다. 정갈하게 정돈된 침실과 식탁이 놓인 거실, 빠진 것 없이 구비된 주방시설, 작은 침대 두 개가 놓인 작은방까지… 가족 여행객들에게도 아쉽지 않을 만한 시설이다.

La Locanda Del Cantoniere

돌로미티 동쪽 입구인 코티나담페조 마을에서 멀지 않은 곳에 있는 산장형 숙소다. 주방시설은 없지만 아침 저녁 모두 먹을 수 있고 음식이 훌륭하다. 통나무로 지어진 건물 전체에서 나무냄새가 은은하게 풍기며 울창한 숲이 보이는 베란다가 넓어서 경치를 보며 쉬기 좋다.

1 통나무로 지어진 숙소의 방안에는 진한 나무냄새가 가득하다. 2 3 관광지의 번잡함과 완벽하게 차단된 테라스가 인상적이다. 4 호텔 복도에는 이 호텔의 역사를 엿볼 수 있는 그림이 전시되어 있어 소소한 재미를 느낄 수 있다. 5 욕실도 넓고 깔끔하다. 6 조식은 실내에서도 먹을 수 있지만 야외 테이블에 앉아 먹을 수도 있다.

시설	2인~4인실 테라스
요금	2인실 비수기 기준 110유로 (무료 주차. 조식 포함)
좌표	46°31'12.9"N 12°05'36.6"E
웹사이트	www.locandadelcantoniere.it

비상시 행동요령

차량 손상/
사고 시

차에 손상이 생겼으면 렌트사에 즉시 알려주고 보험처리에 필요한 서류도 준비해서 렌트사에 제출해야 한다. 렌터카는 차 한 대를 여러 사람이 스케줄을 짜서 공유하는 서비스이며, 손상된 차를 다시 대여하려면 원상회복/수리를 해야 하므로, 크고 작은 차량 손상이 생겼으면 렌트사에 그 사실을 즉시 알려주어 그에 대비하도록 해야 한다.

운행에는 지장이 없다 해도 흠집이 난 차를 사전 통지 없이 반납하고 오면 렌트사에서는 그 상태 그대로 다음 사람에게 차를 줄 수가 없으므로 배차 스케줄을 다시 짜야 하는 복잡한 일이 생기기 때문이다.

렌터카의 보험처리를 위해 필수로 첨부되어야 하는 것이 '사고 보고서(Police Report)'이다.

사고가 나면 경황이 없기도 하고, 경찰을 부르거나 경찰서로 찾아가는 시간이 아깝기도 해서 이를 무시하는 사람들이 있지만, 경찰의 사고 보고서가 없으면 보험처리를 해주지 않는 것이 원칙이며 특히 독일 같은 나라는 이 원칙을 철저하게 지키기 때문에 사고 보고서가 없어서 보험처리를 받지 못하는 사람도 간혹 나오므로 주의해야 한다.

혼자 일으킨 긁힘사고에 대해서 독일 경찰이 작성해준 폴리스 리포트. 유럽의 경찰은 대부분 친절하고 관광객이 도움을 청하면 열심히 도와준다.

메이저 렌트사들은 연료고갈이나 타이어펑크같은 상황에서도 응급센터에 전화를 걸면 도움을 받을 수 있는 시스템이 마련되어 있다.

사고 처리 절차

동유럽 모든 나라의 경찰과 구급 전화는 '112'로 통일되어 있다.

1 차를 털리거나 사고가 났을 땐 가장 먼저 경찰에 전화해 피해상황과 현재 위치를 알린다.
2 경찰이 오면 사고 보고서(Police Report)를 작성한다.
3 렌트사의 비상연락 전화로 전화를 걸어서 사고사실을 알린다. 전화번호는 차 받을 때 받은 임차계약서에 적혀 있다. 계약서 상단에 적혀 있는 임차번호를 알려주고 내용을 이야기하면 필요한 조치를 안내해준다.
4 차를 운행할 수 있고 경찰을 부를 상황이 아니라면 가까운 경찰서로 찾아가서 폴리스 리포트를 받을 수도 있다. 폴리스 리포트는 6하 원칙에 따라 영문으로 서류를 작성해야 하는데 이때 잃어버린 물품에 대해서는 'Lost(분실)'이라 적으면 안되고 'Stolen(도난)'이라고 적어야 보상받을 때 문제가 없다.

한국 영사관 도움 요청

여권 분실 등 해외 영사관의 도움이 필요한 경우,

1 24시간 운영되는 '영사콜센터'(서울 소재)에 전화를 걸어서 필요한 도움과 안내를 받는다.

Tel : +82.2.3210.0404
〈내선번호〉　0번 : 상담사 연결
　　　　　　 1번 : 사건·사고
　　　　　　 2번 : 외국어 통역서비스
　　　　　　 3번 : 여권업무

2 현지의 한국 영사관과 중요시설 연락처 등 필요한 정보는 '영사콜센터' 사이트에 접속하면 나라별로 검색해 찾아볼 수 있다.
www.0404.go.kr